한국철도의 발전적 전망

# 미래철도 전망 2040

Korea Agency for Infrastructure Technology Advancement

국토교통과학기술진흥원

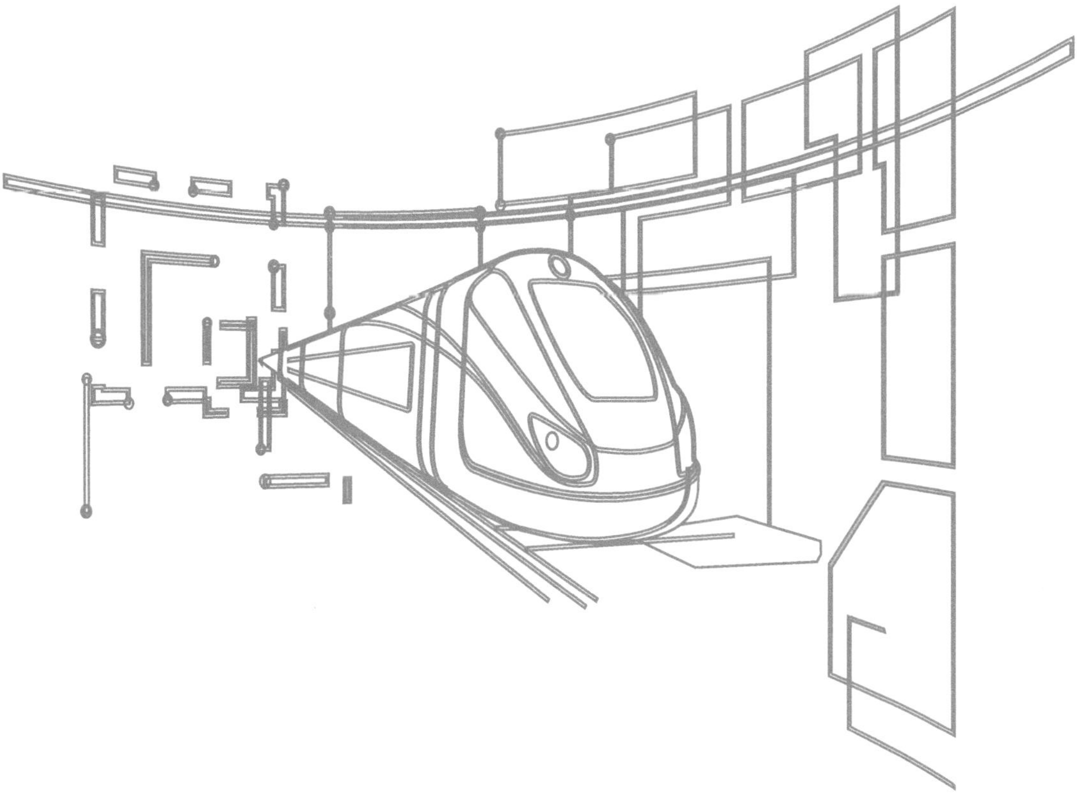

Jinhan M&B

# 목 차

# 표 목 차

# 그 림 목 차

# 미래철도 전망 2040

# 요 약 문

## Ⅰ. 연구 제목

■ **미래철도 2040(부제 : 한국철도의 발전적 전망)**

## Ⅱ. 연구 목적

■ **미래 철도기술 발전 로드맵 및 철도 미래상 제시**

- 선행연구 '2040 국토교통 미래기술예측조사(2013)'를 보완하여, 2040년까지 국가에서 중점적으로 개발해야 할 기술과 각 기술별 기술발전 로드맵을 단기(2020)·중기(2030)·장기(2040)의 시간 범위별로 제시
- 중점 개발 기술의 적용 시 철도의 미래상을 시간 범위(단기·중기·장기) 및 철도 서비스 공간범위(도시·광역철도, 일반·고속철도, 남북·대륙철도)로 구분·제시

■ **기술개발 전략 및 정책수립 자료를 제시하여 철도산업의 글로벌 경쟁력 강화에 기여**

- 미래 철도기술개발방향을 도출하여 시의적절한 기술전략 수립 기반을 제공하고, 기술개발사업과 정합성이 높은 정부 철도정책 수립을 위한 자료 제공

## Ⅲ. 추진 개요

■ **대상 기간**

- 2016년~2040년(25년)

## ■ 연구 내용

- 미래 메가트렌드 및 철도환경 변화 예측·분석
- 국내·외 철도 R&D 정책 및 기술 동향 조사·분석
- 미래 철도기술 발전방향 및 중점추진기술 도출
- 중점추진 기술분야별 철도기술 발전 로드맵 작성
- 우리나라의 미래 철도상 제시
  - 2020년, 2030년, 2040년의 단·중·장기로 구분하여 분석·제시

## ■ 연구 절차

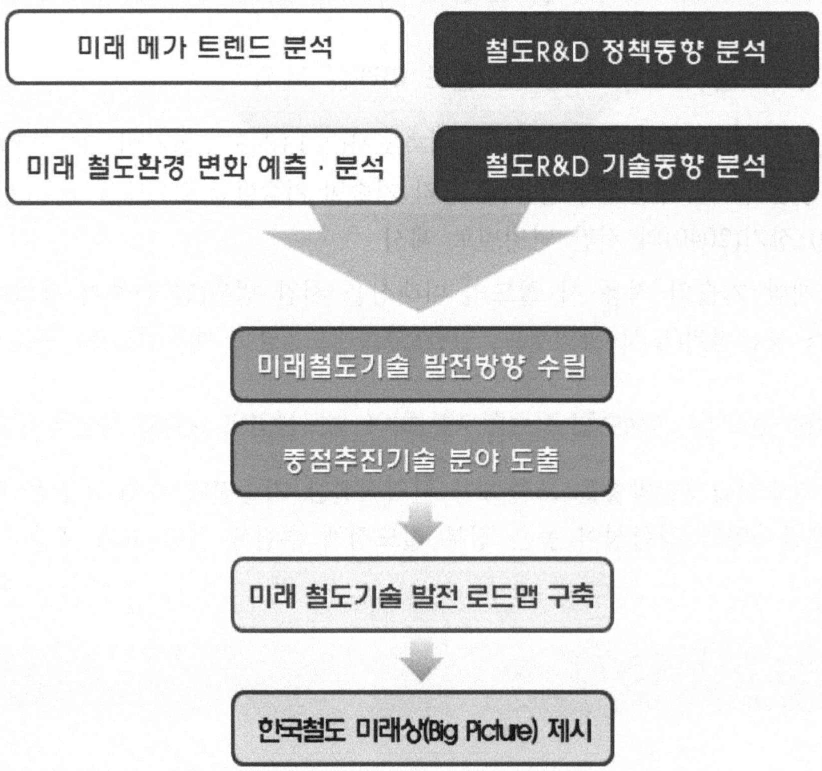


<미래철도 2040 수립 프로세스>

- 선행연구 '2040 국토교통 미래기술예측조사[1]' 내용(미래 메가트렌드분석, 국토교통 기술수요, 미래유망기술, 미래상 등) 분석을 통해 본 연구의 추진방향 설정
  * 2040 국토교통 미래기술예측조사에서는 STEEP(Social, Technological, Economic, Ecological, Political) 분석을 통해 미래 메가트렌드를 분석하였음

- 국내·외 정책·기술 동향 조사·분석 보고서, 미래기술 예측조사 보고서 및 기술로드맵 등 각종 문헌 및 논문 검색(DBpia)에 의한 내용분석(contents analysis), 메타분석(meta analysis) 및 문헌분석(literature review)을 통한 고찰·분석

- 철도·자동차 등 기술 분야와 정책·기술경영 등 다양한 분야 전문가 자문을 실시하여 미래 철도기술의 발전방향 및 중점추진기술 도출

- 2020년, 2030년 및 2040년 단기·중기·장기 중점추진 기술별 미래 철도기술의 발전수준과 미래 예측기술을 표현한 미래철도기술 발전 로드맵과 함께 이를 통해 예측되는 우리나라 미래 철도상을 제시

# Ⅳ. 연구 결과

- 미래 메가트렌드 및 철도환경 변화 예측·분석
  - 인구구조 및 사회환경의 변화, 과학기술의 발전, 기술 융복합, 글로벌 경제사회, 지구온난화 및 기후변화, 에너지·자원 부족, 안보 및 안전의 7가지 메가트렌드 및 14개 세부 트렌드에 따른 변화동인 분석

**< 7대 메가트렌드 및 14개 관련 트렌드에 따른 미래 철도교통의 변화 동인 >**

| 메가트렌드 | 트렌드 | 키워드 | 미래 철도교통의 변화 동인 |
|---|---|---|---|
| 인구구조 및 사회환경의 변화 | 저출산·고령화 사회 | 고령화, 핵가족, 1인 가구, 저출산, 교통약자 | ▪ 교통약자가 전체 인구의 50% 이상 전망<br>▪ 교통약자의 이동·환승 편의 서비스 의무 강화<br>▪ 고품질의 교통서비스 요구 강화<br>▪ 편리한 대중교통 연계 이용 |
| | 도시인구의 증가 | 초고층 빌딩, 고밀도 도시, 공간활용, 소규모 주택 | ▪ 도시의 고밀도화로 도로교통 혼잡 극심화<br>▪ 도시공간의 효율적 공간활용 요구 증대<br>▪ 도시환경에 부합하는 친환경 철도교통수단 등장 |
| 과학기술의 발전 | 첨단국토 교통기술 | 센싱기반 활용, 교통수단의 개인화, 초고속 이동 | ▪ 삶의 질 향상, 다양한 레저·여가 문화 지속 확산<br>▪ 단순 이동수단의 철도 개념 탈피 |
| 기술 융복합 | ICT기술의 발달 | 인문학/예술분야 접목, 감성기반, Big-data | ▪ PRT 등 자율주행 개인교통수단의 보편화<br>▪ 철도와 타 교통간 Multimodal 교통수단 등장<br>▪ 초고속 열차의 대륙간 철도 연결 |
| | 나노기술의 발달 | 나노공학 기반, 소형화, 신소재 적용, 정밀화, 형상기억 | ▪ Big-data 활용 확대<br>▪ 사물인터넷(IoT) 기술의 확대·보편화<br>▪ 증강현실(AR), 가상현실(VR) 기술 철도 접목 |
| | 로봇기술의 발달 | 지능화, 인체 대체, 자동화 | ▪ 형상기억, 나노 신소재 등의 철도 접목 |
| 글로벌 경제사회 | 세계시장의 통합 | 선진국의 세계 건설시장 경쟁력 강화, 신도시 개발기술 수출, 대륙별 경제권 형성, FTA | ▪ 인공지능(AI) 기술의 철도 접목<br>▪ Wearable 로봇, 유지보수용 로봇 등장으로 철도인력의 능력 강화 및 대체 |
| | 인력이동의 글로벌화 | 다국적 인재등용, 글로벌 거버넌스 체계 확립, 국제 표준화, 전세계 일일생활권 | ▪ 철도분야 국제 표준화 확대<br>▪ 철도차량, 건설 등 세계 철도시장 수주 경쟁 치열 |
| 지구온난화 및 기후변화 | 지구온난화 심화 | 온실가스 배출량 규제, 자연재해 대응 | ▪ 글로벌 거버넌스 체계 확립 및 다국적 인재 등용으로 글로벌 이동 수요 증가<br>▪ 전세계 일일생활권에 대응한 교통수단 등장 |
| | 환경오염의 증가 | 환경오염 저감 소재 활용, 폐자재 활용 | ▪ 기후변화에 따른 철도 재난·재해 대응 요구 강화<br>▪ 철도분야 온실가스 배출량 의무 규제 |
| 에너지·자원 부족 | 에너지·자원 수요의 증가 | 친환경 에너지원, 국가간 지원확보 전쟁, 지원 무기화, 신재생에너지, 해양·해저 개발 가속화, 전기 자동화 활용 증가 | ▪ 환경오염 저감 소재 활용 등 철도차량·인프라의 환경영향 최소화 요구<br>▪ 철도분야 폐자재 의무 재활용 |
| | 물·식량 부족의 심화 | 물 부족 증가, 수자원과 에너지자원의 통합관리 | ▪ 철도분야 신재생에너지 활용 확대<br>▪ 석유 등 화석연료 대체 에너지원의 철도 활용 |
| 안보 및 안전 | 재해·재난 대비 | 국제질서 다극화, 시설물 관리 강화, 사고 사망 최소화, 재해 감시 강화, 내진 강화 | ▪ 물·식량 부족 심화에 따른 국가간 분쟁·갈등 심화로 테러 등 위험 증가 |
| | 한반도 통일 시대 | 북한 주택 문제, 막대한 통일 비용, 통일관련 기반구축 메가 프로젝트 | ▪ 다중교통이용수단 테러위험 증가<br>▪ 고속화에 따른 사고시 대규모 인명·재산 피해 우려<br>▪ 지진 등 자연재난 위험 증가로 철도분야에서의 대비 강화 요구 |

- 2020년, 2030년, 2040년의 단기 및 중장기적인 우리나라 철도환경 변화를 광역·도시철도, 일반·고속철도, 남북·대륙철도 분야별로 예측하고, 에너지·환경 측면에서 철도환경에 미치는 영향을 분석

**<미래 철도환경 변화 예측>**

| 구분 | 우리나라 철도환경 변화 예측 | |
|---|---|---|
| 2020년 | ▪ 대도시권의 광역화와 더불어 광역교통 혼잡이 가중되면서 철도 중심의 광역대중교통체계로의 전환이 지속될 것으로 예측<br>▪ 고속철도 노선 확충으로 보다 빠르고, 안전하고, 편리한 철도서비스 요구<br>▪ 통일시대 대비에 대한 공감대 형성과 유라시아 철도 연결을 통한 동북아 물류의 철도 운송을 통한 국가 경제적 이익이 부각되면서 남북 및 대륙철도 연결 및 상호운영을 위한 각종 방안 강구 | <br>나진~하산 물류 시범운송 |
| 2030년 | ▪ 환경오염이 한계상태에 직면함에 따라 보다 친환경적인 대중교통체계로의 급속한 전환과 함께 광역도시권 내 다중 교통수단간 복합수송(intermodal transport)이 활성화<br>▪ 고속철도 노선의 지속적인 확충으로 고속철도이용이 보편화됨에 따라 승차감 등 기대 서비스 수준의 증가와 함께, 수도권에서의 고속철도 운행의 병목현상에 따른 안전문제가 이슈로 대두<br>▪ 남북 화물철도, 북한을 통한 중국과의 물류 교역의 시작이 예상되어 동북아 대용량 물류 운송과 여객 수송에 대한 기대감이 커질 것으로 전망 | <br>중국 보하이 발전계획 |
| 2040년 | ▪ 우리나라 도시 인구 수가 꾸준히 증가하여 도시크기가 더욱 확대되면서 광역도시간 이동수요가 증가하는 데다가, 전체 인구의 절반 이상인 노약자, 장애인 등 교통약자를 위한 기종점간 문전수송(Door to Door) 대중교통서비스를 요구<br>▪ 초기 고속선의 노후화 문제가 대두되어 보다 빠른 초고속 철도의 신규 노선 건설에 대한 필요성 제기<br>▪ 급속한 글로벌화 속에 한-동북아 국제 물류 운송을 위한 신규 노선 연결의 요구와 함께 한-동북아-유럽의 여객 수송을 위한 국가간 합의가 이루어질 것으로 전망 | 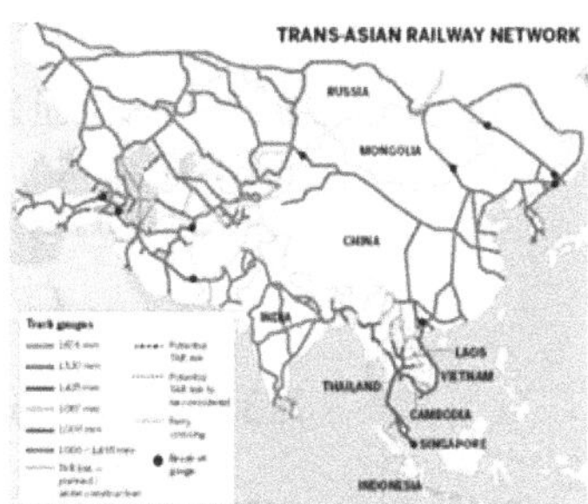<br>Trans-Asian 철도 네트워크 |

- 국내·외 철도 R&D 정책 및 기술 동향 조사·분석

  - 국내·외 철도 R&D 정책을 분석하고, 가장 중요시하고 있는 안전 및 환경 분야를 포함하여 철도차량, 궤도·토목, 신호·통신, 전기·전력의 철도시스템 분야별로 총 9개 분야에 걸쳐 철도 R&D 기술개발 현황을 분석

| 계획 | 주요 내용 |
|---|---|
| **제4차 국토종합계획 (2011-2020)** | - 국토경쟁력 제고를 위한 지역특화 및 광역적 협력 강화<br>- 자연친화적이고 안전한 국토공간 조성<br>- 쾌적하고 문화적인 도시·주거환경 조성<br>- 녹색교통·국토정보 통합 네트워크 구축<br>- 세계로 열린 신성장 해양국토기반 구축<br>- 초국경적 국토경영기반 구축 |
| **제2차 국가기간교통망 계획 (2001-2020)** | - KTX중심 철도고속화<br>- 교통수단간 연계환승체계 강화 및 철도중심 물류네트워크<br>- 대륙연결 및 남북교통망 구축<br>- 저탄소 녹색성장형 교통체계 구축<br>- 교통안전·재난대응·보안검색 체계 및 교통약자서비스 강화 |
| **제2차 국가철도망 구축계획 (2011-2020)** | - 전국 주요거점 고속 KTX망 연결<br>- 대도시권 30분대 광역·급행 철도망 구축<br>- 녹색 철도물류체계 구축<br>- 편리한 철도 이용환경 조성 |
| **제2차 철도산업발전 기본계획 (2011-2015)** | - KTX중심의 국가철도망 구축<br>- 철도운영 부문의 경쟁력 제고<br>- 세계 최고수준의 철도안전 확보<br>- 철도제조업 육성 및 기술개발 촉진<br>- 해외 철도시장 진출 확대<br>- 철도분야 핵심 전문인력 양성 |
| **제3차 국가교통기술 개발계획 (2014-2018)** | - 국가 경쟁력 강화를 위한 교통기술 확보<br>- 비용절감형 고효율 융복합 기술개발체계 구현<br>- 신속·안전·편리한 친환경 교통체계 확립 |
| **2013년 국토교통 R&D 정책 (2014-2018)** | - 철도수송력 향상 기술<br>: 대용량·고속화, ICT기반 고밀도, 신개념 철도추진제어<br>- 철도 안전·편의 향상 기술<br>: 사고예방·대응,철도안전인증,이용 편의·쾌적성<br>- 철도 건설·운영비 절감 기술<br>: 철도운영·유지관리, 저비용 인프라, 친환경 철도<br>- 철도 소재·부품·장치 고도화 기술 |
| **제3차 과학기술 기본계획 (2013-2017)** | - ICT융합 신산업 창출<br>- 미래성장동력 확충<br>- 깨끗하고 편리한 환경 조성<br>- 건강장수시대 구현<br>- 걱정없는 안전사회 구축 |

<국가 상위계획 및 국내 철도R&D정책 동향>

| | |
|---|---|
| **EU(유럽연합)<br>TEN-T & Transport Management** | - 철도중심의 범유럽 교통네트워크 계획 수립<br>- 통합 철도교통 관리 (감독·제도): 철도용량 극대화<br>- 기술적 상호 운영성 개선 (유지보수, 안전):<br>유지보수 최적화, 유지보수 효율화·자동화, 인프라의 스마트 유지보수, 탈선· 자동경보시스템 등 안전, 유럽철도 상호 운영성, 폐 인프라의 재활용 |
| **ERRAC(유럽철도연구 자문위원회)<br>Strategic Rail Research Agenda 2020** | - 지능형 이동수단 - 에너지 및 환경<br>- 개인 안전 - 안전과 표준화(시험·인증)<br>- 경쟁력있는 실행기술 - 전략 및 경제성<br>- 인프라: 교통용량 증대, 고효율 유지보수, 유지보수 프리 |
| **CER/UIC(유럽철도연합/ 국제철도연맹)<br>철도 2030-2050 환경정책 전략** | - 그린 에너지(카본-프리 에너지원)<br>- 에너지 효율성<br>- 노선 전철화 확충<br>- 저탄소 추진기술 |
| **영국<br>HLOS 1 & HLOS2<br>기술발전계획<br>(2009-2019)** | - 여객·화물 수송용량 2배 증대<br>- 더 안전하고, 더 신뢰성 있고, 더 효율적인 철도<br>- 보다 다양하고, 번창하고, 인구증가를 지원하는 철도<br>- 탄소를 줄이고, 광범위한 환경성과를 개선하는 철도<br>- 고용량 전철화 및 여정시간의 감소<br>- 해운과 항공의 철도 연결 개선 |
| **프랑스<br>PREDIT3 & PREDIT4<br>교통분야 연구프로그램** | - 수송기술 - 이동성서비스<br>- 에너지 및 환경 - 물류 및 화물운송<br>- 수송품질 및 안전<br>- 이동성 및 지속가능한 발전<br>- 수송산업 경쟁력 - 수송정책 |
| **독일<br>'이동성과 교통'<br>연구프로그램 &<br>HTS 2020** | - 지능형교통 네트워크<br>- 철도 및 수로를 통한 화물수송 증대<br>- 빠르고, 안락하며, 환경 친화적인 철도서비스<br>- 지속가능형 교통시스템을 위한 건강, 환경, 자원 보호<br>- 안전과 보안 - 이동성<br>- 기후변화/에너지 - 정보통신(ICT) |
| **일본<br>Research Map 2009** | - 안전한 철도<br>- 친환경 철도<br>- 고효율 에너지형 저비용 철도<br>- 편리하고 쾌적한 철도 |

**<국외 철도R&D정책 동향>**

● 미래 철도기술 발전방향 및 중점추진기술 도출

- 미래 7대 메가트렌드에 따른 철도교통에서의 변화 분석과 국내외 철도R&D 정책을 기반으로 미래 철도기술의 5대 발전방향 및 6대 중점추진기술 도출

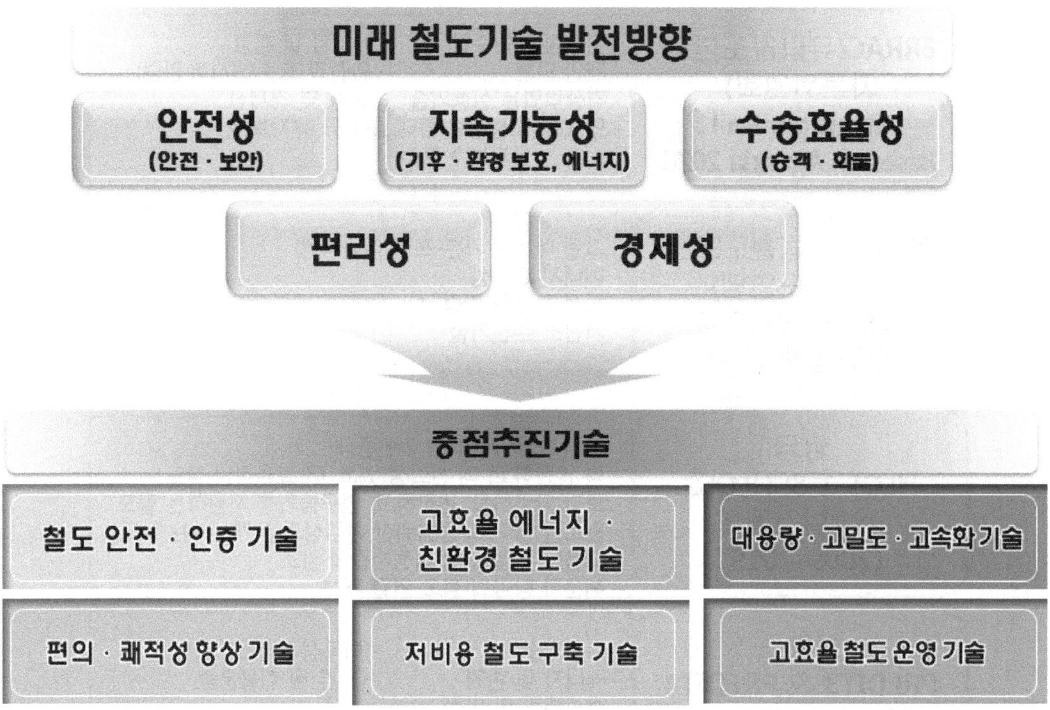


<미래철도기술 발전방향 및 중점추진기술>

<미래철도기술 방향과 중점추진기술간 상관관계>

| 중점추진기술 \ 미래철도기술 발전방향 | 안전성 | 지속가능성 | 수송효율성 | 편리성 | 경제성 |
|---|---|---|---|---|---|
| ① 철도 안전·인증 기술 | ● | | | | |
| ② 고효율 에너지·친환경 철도 기술 | | ● | | | ● |
| ③ 대용량·고밀도·고속화 기술 | ● | | ● | ● | |
| ④ 편의·쾌적성 향상 기술 | | | ● | ● | |
| ⑤ 저비용 철도 구축 기술 | | | | | ● |
| ⑥ 고효율 철도 운영 기술 | ● | | | | ● |

## <중점추진기술의 정의>

| 중점추진기술 | 정의 |
|---|---|
| 철도안전·<br>인증기술 | <br>[출처: 국토일보]<br>철도기능 유지를 목적으로, 사전에 안전위협요인을 제거하고, 사고/재난 발생시 효율적이고 신속·정확하게 대응·관리하며, 시험인증, 철도보안 등 안전한 철도 운영을 위한 기술 |
| 고효율 에너지·<br>친환경 철도 기술 | <br><br>[출처: arb.ca.gov]<br>지구온난화, 에너지 고갈문제 등에 대비하고, 인간 삶과 공존할 수 있는 친환경적이고 지속가능한 철도기술 |
| 대용량·고밀도·<br>고속화 기술 | <br>[출처: 한국철도시설공단]<br>보다 빠르게, 고밀도로, 대용량의 여객·화물을 수송하는 철도 기술 |
| 편의·쾌적성<br>향상 기술 | <br><br>[출처: CWT]<br>노약자·장애인 등 교통약자를 포함한 모든 이용객의 단절 없는 철도이용 서비스와 승차감, 소음진동 등 안락·쾌적한 서비스를 제공하는 인간 중심형 철도 기술 |
| 저비용 철도<br>구축 기술 | 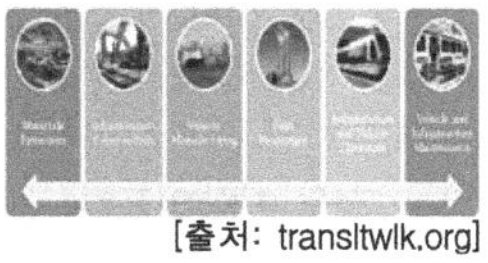<br>[출처: transltwlk.org]<br>전 생애주기 비용(LCC)을 고려한 저비용의 철도 차량 제작기술, 철도 인프라 건설·구축기술, 경제적 파급효과가 큰 고부가가치의 철도부품·장치 제작 기술 |
| 고효율 철도<br>운영 기술 | <br>[출처: railengineer.uk]<br>철도시스템의 효율적인 유지보수 기술, Maintenance-free 등 전 생애주기 비용(LCC)을 최적화할 수 있는 철도 운영 효율화 기술 |

## 중점추진기술별 비전 및 단·중장기의 단계별 목표 수립

- 2040년 미래철도기술의 6대 중점추진기술별 비전과 단계별 목표를 수립

<미래철도 중점추진기술별 비전 및 단계별 목표>

| 중점추진기술 | 비전 | 단계별 목표 | | |
|---|---|---|---|---|
| | | 2020년 | 2030년 | 2040년 |
| ①철도안전· 인증 기술 | 세계 최고 수준의 안전하고 신뢰도 높은 철도 실현 | 철도사고건수 15% 저감 (열차운행 100만km당 2.5건) | 철도사고건수 30% 저감 (열차운행 100만km당 2.0건) | 철도사고건수 50% 저감 (열차운행 100만km당 1.5건) |
| ②고효율에너지· 친환경 철도기술 | 지속가능한 친환경 철도 실현 | 에너지 소비량 15% 감축 | 에너지 소비량 25% 감축 | 에너지 소비량 50% 감축 |
| | | 철도교통부문 온실가스 배출량 BAU 10% 감축 | 철도교통부문 온실가스 배출량 BAU 20% 감축 | 철도교통부문 온실가스 배출량 BAU 30% 감축 |
| ③대용량· 고밀도· 고속화 기술 | 대용량, 고속의 철도 수송력 확보로 글로벌 철도 수송 실현 | 철도수송분담률 40% 제고 | 철도수송분담률 45% 제고 | 철도수송분담률 50% 제고 |
| ④편의·쾌적성 향상 기술 | 기종점간 단절없는, 내 집처럼 안락·쾌적한 철도 실현 | 철도이용을 위한 소요시간 10% 단축 | 철도이용을 위한 소요시간 30% 단축 | 철도이용을 위한 소요시간 50% 단축 |
| | | 철도 소음·진동 5dB 저감 | 철도 소음·진동 10dB 저감 | 철도 소음·진동 20dB 저감 |
| ⑤저비용 철도 구축 기술 | 저비용 철도 시스템 구축과 고부가가치 철도핵심장치 확보를 통한 철도경쟁력 향상 | 철도 차량/인프라 제작·구축비 10% 절감 | 철도 차량/인프라 제작·구축비 20% 절감 | 철도 차량/인프라 제작·구축비 30% 절감 |
| ⑥고효율 철도 운영 기술 | 유지보수가 필요없는 철도로 24시간 철도운행 서비스 제공 | 철도 운영·유지비 10% 절감 | 철도 운영·유지비 25% 절감 | 철도 운영·유지비 50% 절감 |

## 중점추진기술별 철도기술 발전 로드맵 작성

- 2020년, 2030년 및 2040년 단·중장기 단계별 목표에 부합하도록 철도R&D 기술 동향 분석내용을 바탕으로 6대 중점추진기술의 20개 세부기술별 철도기술 발전 로드맵 제시

<미래철도 중점추진기술별 세부 기술분류체계>

| 중점추진기술(대분류) | 중분류 | 소분류 |
|---|---|---|
| ① 철도안전·인증 기술 | 철도 안전·보안 기술 | 철도사고 예방 및 최소화 기술 |
| | | 철도사고·재난 능동 대응 및 복구 기술 |
| | | 지능적인 철도 보안 기술 |
| | 철도 인증 및 표준화 기술 | 철도차량/용품 인증 및 표준화 기술 |
| ② 고효율에너지· 친환경 철도기술 | 고효율 철도에너지 기술 | 철도 운영 에너지 최소화 기술 |
| | | 철도 에너지 효율화 기술 |
| | 친환경 철도 기술 | 탄소저감 에너지 추진원 기술 |
| | | 철도차량·인프라 환경영향 최소화 기술 |
| ③ 대용량·고밀도· 고속화 기술 | 대용량 철도 기술 | 대용량 철도수송 기술 |
| | 고밀도 철도 기술 | 고밀도 철도수송 기술 |
| | 고속화 철도 기술 | 철도수송 고속화 기술 |
| ④ 편의·쾌적성 향상 기술 | 편의성 향상 기술 | 기종점간 단절없는 철도이용 기술 |
| | | Universal 철도이용 기술 |
| | 쾌적성 향상 기술 | 철도차량 쾌적화 기술 |
| | | 철도연변 및 인프라 쾌적화 기술 |
| ⑤ 저비용 철도 구축 기술 | 저비용 건설·제작 기술 | LCC 절감을 위한 철도 건설·제작 기술 |
| | 고부가 철도 기술 | 고부가가치 철도 소재·부품·장치 기술 |
| ⑥ 고효율 철도 운영 기술 | 고효율 유지보수 기술 | 철도시스템 유지보수 고도화 기술 |
| | | Maintenance-free 철도시스템 기술 |
| | 고효율 운영 기술 | 24시간 철도운영 서비스 기술 |

● 우리나라의 미래 철도상(Big Picture) 제시

- 2020년, 2030년 및 2040년 단·중장기 단계별 목표에 부합하도록 분야별 미래 철도상 제시

<철도 분야별 미래상>

| 구분 | 2020년 | 2030년 | 2040년 |
|---|---|---|---|
| 광역·도시 철도분야 | 광역도시권 내 30분내 대용량 급행 수송 및 무가선 방식, 장경간·슬림형 도시 고가교 등 도시친화형의 도시철도시스템 도입과 함께, 교통약자 이동 등 철도이용 편의를 위한 도시 철도 역사 유니버설 설계와 정보통신기술(ICT) 기반의 철도 이용정보 제공 시스템 등 보다 편리한 이용객 중심의 도시 철도 서비스 제공. | 거대도시(megacity) 내 및 거대도시 간 보다 효율적이고 친환경적인 도시철도의 도입과 함께, 타 대중교통수단간 시·공간적 제약없이 통합 연계 수송이 가능한 광역도시권 내 복합수송교통체계(intermodal transport)로의 전환을 통한 단절 없는(seamless) 도시교통 서비스 제공. | 인공지능 기반의 중앙관제센터에서의 네트워크 제어되는 개인용 캡슐형 철도시스템(PRT)이 보편화 운영되고, 타 다중 교통수단(철도, 항공, 해운)간 무환승 연계 운행이 실현되어 내 집처럼 안락하고 쾌적한 Door to Door 철도수송이 가능해지고, 무손상 수준의 철도 차량·인프라 등장과 철도 운행 중 자가 유지보수로 24시간 도시철도 운영 서비스 제공. |
| 일반·고속 철도분야 | 300km/h급 고속철도 노선 확충 및 400km/h급으로의 속도 향상을 통한 전국 주요 거점 간 90분대 철도 연결과 함께, 정보통신기술(ICT) 및 사물인터넷기술(IoT)을 이용한 실시간 철도 안전감시·자가진단 및 사고·재난 발생시 효율적인 대응·복구 관리 등을 통한 보다 안전한 고속철도 서비스 제공. | 장거리·대용량 수송을 위한 500km/h급 2층 고속철도 운행으로 전국 주요 거점 간 75분대 철도연결과 함께, 아이트로닉(i-tronic) 주행제어로 보다 안락하고 ICT 융합기술의 발달로 실시간 철도 통합안전감시 및 이상 감지시 열차 부분 자동제어로 보다 안전한 고속철도 서비스 제공. | 공력 저항 제로, 800km/h급 이상의 초고속철도의 등장으로 전국 주요 거점 간 60분대 철도연결과 함께, 인공지능 기반의 첨단 감시시스템과 완전 무인 통합관제시스템의 운영으로 사전에 사고위험요인을 원천적으로 차단하고 자연재해 등 불의의 사고·재난·재해 시 실시간 감시·자동제어로 초고속의 속도에서도 안전한 철도 운영이 가능해 질 전망. |
| 남북·대륙 철도분야 | 남북한 화물철도 시범운행 및 한~중국, 한~러시아간 육해복합물류수송 시대 도래와 함께, 디젤기관차를 대체하면서 대륙간 이종 시스템간 철도수송을 위한 액화천연가스(LNG, liquid natural gas) 등 온실가스 배출 저감이 가능한 새로운 대체에너지를 추진원으로 하는 국가간 화물열차 운행이 전망. | 남·북한간 물류 교역량 증가 및 활발한 철도 물류수송과 함께 북한을 통한 러시아, 중국, 몽골간의 한~동북아 철도물류운송 시대 도래. | 북한 경의선, 경원선 현대화와 동해 신선의 건설을 통해 중국, 몽골, 러시아 등 동북아 철도물류운송이 더욱 활발해지고, 대륙간 고속 대용량의 자원 수송용 튜브시스템이 등장할 것이며, 동북아 지역을 연결하는 800km/h급 이상의 초고속철도 신선이 건설되어 한~동북아시아간 3시간대 철도연결 시대가 도래 전망. |

# 제1장 서 론

미래철도 전망 2040

# 제1장 서 론

## 제1절 목적 및 필요성

### ■ 목적

- 미래 철도기술 로드맵 개발 및 철도 미래상 제시
  - 선행연구 '2040 국토교통 미래기술예측조사(2013)'를 보완하여, 2040년까지 국가에서 중점적으로 개발해야 할 기술과 각 기술별 기술발전 로드맵을 단기(2020)·중기(2030)·장기(2040)로 제시
  - 중점 개발 기술의 적용 시 철도의 미래상을 시간 범위(단기·중기·장기) 및 철도서비스 공간범위(도시·광역철도, 일반·고속철도, 남북·대륙철도)로 구분·제시

- 기술개발 전략 및 정책수립 자료를 제시하여 철도산업의 글로벌 경쟁력 강화에 기여
  - 미래 철도기술개발방향을 도출하여 시의적절한 기술전략 수립 기반을 제공하고, 기술개발사업과 정합성이 높은 정부 철도정책 수립을 위한 자료 제공

### ■ 필요성

- 국외 철도 선진국(프랑스, 독일, 일본, 영국 등)에서는 기술개발 비전과 로드맵 수립으로 글로벌 경쟁력 강화 노력 추진 중.
  - 20년 이상의 목표연도를 설정하고, 이를 다시 단기·중기·장기의 시간범위로 구분하여 철도기술 발전방향을 수립함. 이로부터 도출된 기술 및 성과로드맵을 중심으로 철도 R&D를 추진하고 있음.

- 우리나라 철도분야에는 장기 기술개발 목표와 로드맵 부재
  - 정부에서는 5년, 10년 단위의 계획*만을 수립하고 있으며, 이를 기반으로 철도 R&D를 추진하고 있음.

* 건설교통 R&D 중장기계획('13~'17, '12.5), 국토교통 R&D 중장기 전략('14.7): 철도기술연구사업 중장기계획('14~'23)

- 이에 따라 기술개발의 장기비전 부재, 정부정책과 기술개발사업의 부조화, 기술개발 성과의 사업화 지연 등 문제가 발생하고 있음

● 철도산업의 글로벌 경쟁력 확보를 위해 미래 선도형 기술이 효율적으로 개발될 수 있도록 미래 기술개발 방향설정 및 기술 로드맵 개발이 필요함.

- 미래 기술개발 방향과 기술 로드맵을 정부와 철도관련 산·학·연이 공유함으로써 시의적절한 기술개발, 기술개발과 정합성이 있는 정부의 철도 인프라 및 R&D 정책 수립, 연구성과의 실용화 확대를 기대할 수 있으며,
- 이를 통해 철도산업의 해외진출 활성화 기반이 강화될 것으로 기대됨

## 제2절 연구 내용 및 방법

### ■ 대상 기간 : 2016년~2040년(25년)

### ■ 연구 내용

● 미래 메가트렌드* 및 철도환경 변화 예측·분석

- 단기(2020년), 중기(2030년) 및 장기(2040년)로 구분하여 예측 및 분석

* 국토교통부와 국토교통과학기술진흥원은 "2040 국토교통 미래기술예측조사[1](2013)"를 통해 국토교통기술연구개발사업의 체계적 추진을 위한 일련의 철도R&D 프로세스[그림 1]를 정립하고, 2040년 국토교통 미래기술 예측을 위해 미래 7대 메가트렌드를 도출

● 국내·외 철도R&D 정책 및 기술 동향 조사·분석

- 국가 철도 상위계획 및 국내 철도분야 정책 기본방향 및 세부 추진전략 분석
- 유럽(EU, 영국, 프랑스, 독일), 일본 등 국외 철도 선진국 철도분야 정책 및 세부 추진전략 분석
- 철도안전, 환경, 차량 및 인프라 분야별 국내·외 철도R&D 기술 동향 분석

● 미래 철도기술 발전방향 및 중점추진기술 도출

- 미래 메가트렌드, 철도환경 변화 및 철도R&D 정책 동향 분석을 토대로 한 미래 철도기술 발전방향 도출
- 미래 철도기술 발전방향에 부합한 중점추진기술 도출

● 중점추진기술별 철도기술 발전 로드맵 작성

- 중점추진기술별 비전 및 단계별 목표 제시
- 중점추진세부기술별 철도기술 발전 로드맵 제시
  : 기술의 발전 수준 제시 및 관련 기술 예시

● 우리나라의 미래 철도상 제시

- 2020년, 2030년, 2040년의 단·중·장기의 미래 철도상 제시

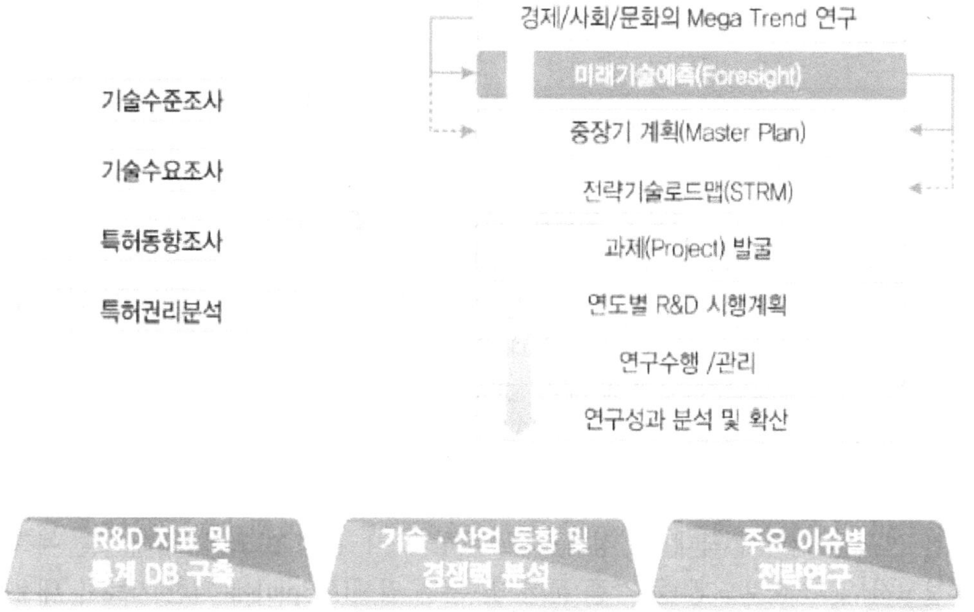


그림 1. 철도R&D 프로세스

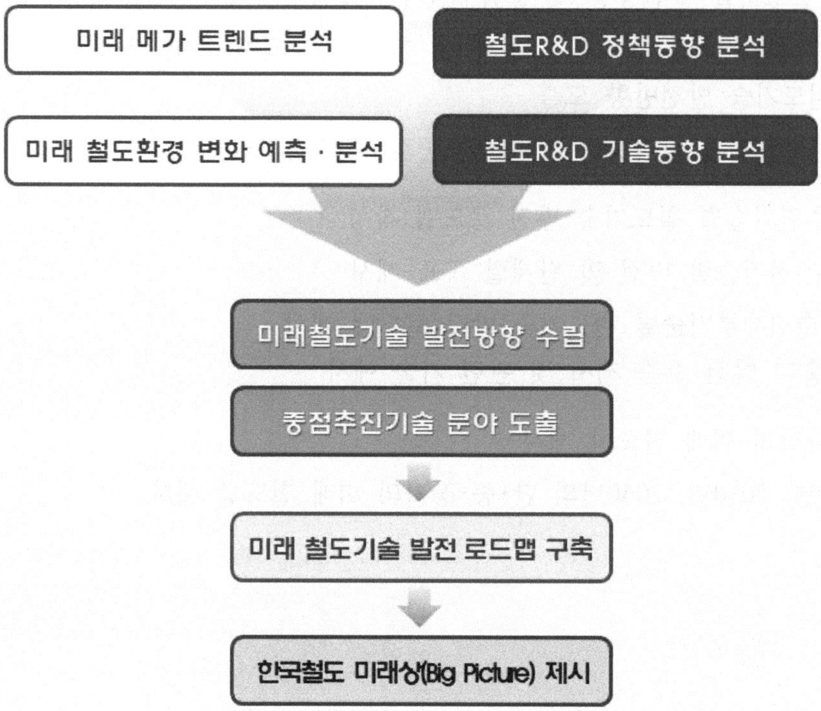


그림 2. 미래철도 2040 수립 프로세스

- "2040 국토교통 미래기술예측조사[1]"에서 국내·외 다양한 미래 전망자료에서 공통적으로 제시하고 있는 트렌드에 대해 STEEP* 분석을 통해 도출한 미래 메가트렌드와 철도교통의 환경변화 예측 내용의 재검토 및 주요 내용 수용

  * STEEP(Social, Technological, Economic, Ecological, Political) 분석 : 사회, 기술, 경제, 환경, 정치적 측면 분석

- 본 연구를 위하여 국내·외 정책·기술 동향 조사·분석 보고서, 미래기술 예측조사 보고서 및 기술로드맵 등 각종 문헌 및 논문 검색[DBpia]에 의한 자료를 내용분석(contents analysis), 메타분석(meta analysis) 및 문헌분석(literature review)을 통한 고찰·분석과 함께 철도·자동차 등 기술 분야와 정책·기술경영 등 여러 분야 전문가 자문을 실시하여 미래 철도기술의 발전방향 및 중점추진기술을 도출하였음

- 2020년, 2030년 및 2040년 단·중·장기 중점추진기술별 미래 철도기술의 발전 수준과 관련 미래 예측 기술을 표현한 미래철도기술 발전 로드맵과 함께 이를 통해 예측되는 우리나라 미래 철도상을 제시함

# 제3절 한국철도 기술발전사

## ■ 철도노선 확충과 차량기술의 발전

- 1899년, 국내 최초의 철도인 경인선(제물포-노량진간 33.2Km) 개통.
  - 1896년 3월 29일 미국이 서울(경성)~인천 간의 경인선 철도 부설권 획득, 경인선 철도 공사를 위한 조선개발공사(사장: 모스/James R. Morse) 설립
  - 1897년 3월 22일 인천 우각리(현 도원역 인근)에서 경인선 1차 기공식 거행

그림 3. 경인선 기공식(인천 우각리, 1897.3.22.)

[출처: 화도진도서관]

  - 1898년 미국인 모스는 자금난과 기술 부족으로 인해 경인선 철도 부설권을 일본의 '경인철도합자회사'에 매각, 1898년 4월 23일 인천에서 2차 기공식 거행
  - 1899년 9월 18일 경인선(제물포-노량진간 33.2Km)* 개통

* 인천~노량진 간 7개 역(제물포역(현 인천역), 축현역(현 동인천역), 우각동역, 부평역, 소사역, 오류역, 노량진역), 1시간 40분 소요(평균속도 20km/h)
* 1일 1~3회 운행을 시작으로, 1905년에는 1일 4~6회, 1920년에는 1일 9회 왕복 운행

그림 4. 경인선 개통 당시의 열차(미국 브룩스사)

[출처:한국민족문화대백과]

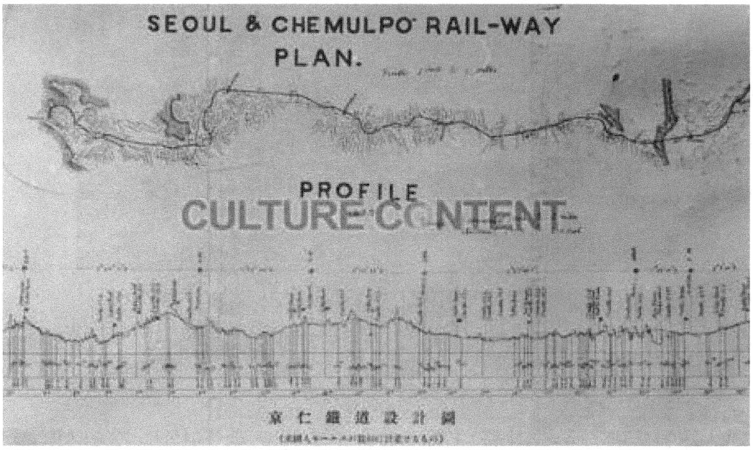


그림 5. 경인선 설계도(1894년, 미국인 James R. Morse)

[출처:문화콘텐츠닷컴]

- 1900년 7월 5일 노량진～용산 구간에 우리나라 최초의 장대 철교인 한강철교가 준공되어, 7월 8일 경인선(제물포역～노량진역～서대문역) 완전 개통(1900.11.12 서대문에서 개통식 거행)

* 독립신문 경인선 개통 시승기(1899.9.19): "... 화륜거 구르는 소리는 우레와 같아 천지가 진동하고 기관거의 굴뚝 연기는 반공에 솟아오르더라, 수레를 각기 방 한 칸씩 되게 만들어 여러 수레를 철구로 연결하여 수미상접하게 이었는데, 수레 속은 상중하 3등으로 수장하여 그 안에 배포한 것과 그밖에 치장한 것은 이루다 형언할 수 없더라. 수레 속에 앉아 영창으로 내다보니 산천초목이 모두 활동하여 닿는 것 같고 나는 새도 미처 따르지 못하더라..."(출처: 홍남일의 한국문화이야기/기차, 글로벌이코노믹, 2015.9.14)

그림 6. 경인선 개통식(인천 제물포역, 1899.9.18)
[출처:경인일보(2013.9.12)]

그림 7. 경인선 개통식 (서울 서대문역, 1900.11.12)
[출처:한국저작권위원회]

- 1905년, 국내 두번째 철도인 경부선(영등포~초량간 444.5Km) 개통.
  - 1898년 경부철도합동조약에 의거 일본이 영등포~초량간 경부선 철도 부설권 획득
  - 일본의 경부철도주식회사는 1901년 8월 20일 서울 영등포에서, 1901년 9월 21일 부산 초량에서 각각 경부철도 부설 기공식을 거행하고 1904년 12월 27일 완공

그림 8. 경부선 기공식(부산 초량, 1901.9.21.)
[출처: 한국향토문화전자대전]

  - 1905년 1월 1일 경부선(영등포-초량간) 전구간을 개통하였고,1908년 4월 1일 부산역까지 개통.

> * 개통 당시 서대문-초량간 1일 남행과 북행의 2개 열차가 운행되었으며, 편도 약 30시간 소요(평균속도 15km/h)
> * 성능이 향상된 급행 열차의 투입으로 1905년 5월 1일부터는 14시간(평균속도 30km/h), 1906년 4월 16일부터는 11시간 소요(평균속도 40km/hr)

그림 9. 경부선 개통식(서울 남대문역, 1905.5.25.)
[출처:뉴스천지]

- 이후, 1936년 경부선 복선 공사에 착수하여, 1939년에 대전～영등포, 1940년에 부산진～삼랑진 구간이 완공되었고, 삼랑진～대전 간 복선은 1940년에 착공하여 1944년 10월에 준공.

- 한편, 일본은 러일전쟁의 군사목적으로 1905년 10월에 마산선(마산～삼랑진)과 1906년 4월 3일에 경의선(용산～신의주)을 일본 군용철도로 개통하였고, 이후 1914년 1월에 호남선(대전～목포)과 1914년 9월에 경원선(용산～원산)이, 1928년 12월에는 충북선(조지원～충수), 1937년 3월에는 전라선(익산～여수), 1939년 7월에는 경춘선(서울 성동～춘천), 1942년 4월에는 중앙선(서울 청량리～ 경주)이 차례로 개통됨.

- 일제강점기를 지나 광복 이후에도 한국전쟁과 분단이라는 수난의 시대가 이어지면서 군수물자와 병력 및 건설자재 수송을 위해 우암선, 울산항선, 김포선 등이 건설되었을 뿐 철도산업이 발달하지 못하다가, 한국전쟁 이후 기존 북한지역에 의존했던 에너지 및 지하자원을 남한 내 조달을 위해 1950년대 중후반에 영암선(영주～철암, 86.4km), 함백선(제천～함백, 60.7km), 문경선(점촌～가은, 22.8km), 충북선(충주～봉양, 35.2km) 등의 산업철도가 개통되었고,

- 1960~70년대에 걸쳐 국가의 자립경제 기반구축과 에너지 공급원 확보 및 기간 산업 육성을 위한 경제개발 5개년 계획이 추진되면서, 영동선*(경북 영주~ 강릉, 193.6km)과 태백선**(충북 제천~태백 백산, 103.5km) 등의 산업철도가 개통되어 철도가 국가 기간수송망으로서 중요한 역할을 수행하면서 국가 경제발전과 지역 사회 개발의 주역으로 부상함.

* 영동선: 영암선(영주~태백 철암, 86.4km), 철암선(철암~동해 묵호, 60.5km), 황지본선(통리~심포리, 8.5km), 동해북부선(묵호~경포대, 44.6km)을 통합하여 1963년 5월 17일 영동선으로 명명됨

** 태백선: 영월선(제천~영월, 38.1km), 함백선(영월~함백, 226km), 정선선(예미~증산), 고한선(예미~고한, 30km)에 추가 건설된 고한~태백~백산구간(24.3km)을 통합하여 1975년 12월 5일 태백선으로 명명됨.

- 철도 여객과 화물 수송이 늘어나면서, 1967년 증기기관차는 모두 견인 성능이 뛰어난 디젤전기기관차로 대체되어 효율적인 철도 운영이 가능하게 되었고, 1969년 초에 초특급열차 관광호(1974년 새마을호로 개칭)의 운행 시작으로 경부선을 4시간대에 주파하여 '전국 1일 생활권' 시대가 열림.[2]
- 1968년 5월 정부의 산업철도 전철화 방침에 따라, 1973년 6월 중앙선 청량리~제천 구간이 전철화되었고, 1974년 8월 15일에 경인선이 전철화되면서 서울역~청량리 지하철과 직결 운행되었으며, 1975년 12월에 제천~태백 백산까지 태백선 전구간이 전철화 개통되었고, 1975년 12월 5일 영동선 태백 철암~동해 구간이 전철화 개통되어, 인천부터 동해까지 한반도를 동서로 횡단하는 국토횡단전철이 완성됨.

- 1970년대 이후 경제개발이 급속도로 진행되어 서울로 인구가 집중되었고 서울과 수도권의 교통 혼잡을 해결하기 위한 수도권 전철화 계획에 따라, 1974년 8월 15일 서울과 인천, 수원을 잇는 철도가 전철화 개통되었으며, 이와 함께 서울역~지하 청량리간(7.8km) 국내 최초의 지하철인 종로선(현 지하철 1호선)이 개통되면서 도시철도 시대의 막이 열렸고, 1980년대 들어 자동차 시대가 도래하여 수도권과 주요 도시의 교통 혼잡이 가중되면서 도시철도가 더욱 확충됨.
  - 서울은 지하철 1호선을 시작으로 1980년대에 서울 지하철 2,3,4호선이 개통된 이래 지속 확충하여 현재 9호선까지 운행 중임.
  - 1974년 8월 15일 경원선(용산~청량리)이, 2009년에 경의선(서울역~문산)이 전철화 개통되었으며, 1988년 안산선(금정~안산), 1994년 과천선(금정~사당), 1994년 분당선(수서~오리)이 개통됨.

- 부산은 1985년 1호선 개통된 이래 현재 4호선까지 운행 중이고, 대구는 1998년 1호선 전 구간 개통이후 현재 2015년 개통된 3호선까지 운행 중이며, 인천은 1999년에 1호선을 개통하여 운행 중이며, 영종도에 자기부상철도가 개통 될 계획임.
- 2000년대 들어와 광주, 대전 1호선이 개통되어 운행 중이고, 2013년에 분당선이 수원까지 연장되어 운행 중이며, 이밖에도 2011년 9월 부산-김해 경전철 개통을 시작으로 의정부, 용인에서 경전철이 도입되어 운행 중이며, 서울을 포함한 전국 지자체에서 도시철도를 확충 계획임.

- 12년에 걸친 공사 끝에 2004년 4월 1일, 경부고속철도 1단계(서울～대전～동대구) 구간이 완공되어 300km/h급 고속철도의 운행을 시작으로 본격적으로 고속철도 시대가 열렸고, 서울～부산 간 소요 시간이 2시간 40분으로 단축되면서 '전국 반나절 생활권'시대에 진입함[2].
  - 2010년 11월 1일 경부고속철도 2단계(동대구～부산) 구간이 개통되어 총 연장 423.8km이며, 서울～부산 간 소요시간이 2시간 18분으로 단축됨.
  - 이후, 2015년 8월 1일 대전·대구 도심 구간(45.3km)이 개통되어 서울～부산간 총 연장 417.4km로 23년간의 긴 공사 끝에 고속철도 전용노선이 재탄생됨.
  - 2015년 4월 2일 총 연장 182.3km의 호남고속철도 1단계(오송역～광주 송정역) 구간이 완공되어, 서울 용산～광주 송정 소요 시간이 종전 2시간 39분에서 1시간 가량 단축되었으며, 광주 송정역에서 목포까지 2단계 구간이 계획 중임.

- 국내 최초로 경인선에 도입된 증기기관차부터 현재의 고속 전기철도차량까지 우리나라 철도 발전에 따라 철도차량도 보다 우수한 성능을 갖는 차량으로 변화하였으며, 철도기술 역시 경부고속철도 구축 시 프랑스 기술을 이전받고 국가 R&D 'G7 고속전철기술개발사업'을 통해 고속철도 차량 및 인프라 핵심기술을 습득하면서 그간 일본 등 국외기술에 의존해 온 철도기술을 자립할 수 있는 수준에 도달하게 됨.
  - 1899년 경인선에 도입된 국내 최초의 기관차는 미국 브룩스(Brooks)사의 모가(Mogul) 탱크형 증기기관차*로 최고속도 55km/h, 견인력 5.45톤이며, 당시 모가(Mogul) 탱크형 증기기관차 4량, 객차 6량, 화차 28량(유개차 16량, 화물완급차 4량, 무개차 8량)이 운행됨.

* 모가 탱크형 증기기관차: 기관차의 선륜-동륜(동력전달)-종륜의 차륜 개수가 2-6-0인 기관차

- 1906년 경부선에 미국 발드윈(Baldwin)사의 텐 휠러(Ten Wheeler)형 증기기관차* 11량이 운행되었으며, 최고속도 95km/h인 총 10개의 휠(바퀴)를 갖는 기관차로 텐 휠러(ten wheeler)의 준말을 따서 터우형 증기기관차라 불리웠고, 1945년까지 제작되어 영객용으로 널리 사용됨.

* 텐휠형 증기기관차: 기관차의 선륜-동륜-종륜의 차륜 개수가 4-6-0인 기관차

- 1906년에 경의선(서울 용산~신의주)이 개통되었고 1908년에 신의주~부산 간에 한국 최초의 급행열차인 융희(隆熙)호가 운행되었는데, 1911년에 최고속도 95km/h 아메형 증기기관차* 6량이 도입되어 경의선 융희호를 견인하는데 사용됨.

* 아메형 증기기관차: 기관차의 선륜-동륜-종륜의 차륜 개수가 4-4-0인 기관차로, 미국식 (America) 증기기관차라는 데서 앞 두 음절을 따서 아메형이라 불림.

- 1919년에 15~16톤의 견인력을 갖는 고성능의 증기기관차인 미국 볼드윈사의 미카형 증기기관차가 도입되어 주로 화물열차 견인용으로 사용됨.

* 미카형 증기기관차: 일본어로 황제(Mikado)의 앞 두 음절을 딴 이름의 증기기관차로서, 전륜-동륜-후륜의 차륜 개수가 2-8-2인 기관차이며, 최고속도는 70km/h임.

- 여객열차 견인에 사용되던 터우형 증기기관차 및 아메형 증기기관차의 견인력 문제로, 1921년에 고출력의 대형 여객용 증기기관차로 최고속도 95km/h인 미국 볼드윈 사의 파시1형이 도입되었고, 1960년대 최고속도 110km/h의 파시5형까지 파시형 증기기관차*가 여객 견인용으로 널리 사용됨.

* 파시형 증기기관차: Pacific의 앞 두음절으로 딴 이름의 증기기관차로서, 전륜-동륜-후륜의 차륜 개수가 4-6-2인 기관차이며, 파시1형~4형의 최고속도는 95km/h이고 파시5형은 110km/h로 한국에서 운행된 증기기관차 중 가장 빠른 기관차임.

- 디젤기관차는 디젤기관으로 전기를 생산하여 그 전기로 견인전동기를 돌려 구동하는 디젤전기기관차로서, 증기압을 이용하는 증기기관차 대비 견인마력이 크고 석탄 연료 무게를 줄일 수 있어, 1967년 8월부터 철도 본선에 증기기관차가 디젤기관차로 모두 대체되었으며, 1955년에 도입된 미국 EMD/GMC사의 2000호대 디젤 기관차*가 도입된 이래, 1970년대 7100·7200·7500호대 디젤기관차가 도입되었고, 2014년부터 미국 GE사의 7600호대 디젤 기관차가 도입되어 운행 중임.

* 2000호대 디젤기관차: 최대출력 800마력, 최고속도 105km/h의 전기식 디젤기관차

** 7100호대 디젤기관차: 최대출력 3,000마력, 최고속도 150km/h의 전기식 디젤기관차

** 7600호대 디젤기관차: 최대출력 3,700마력, 최고속도 165km/h의 전기식 디젤기관차

- 디젤동차는 내연기관을 이용하여 운행하는 대표적인 내연 동차로서, 1996년 도시 통근형 디젤 동차가 도입된 이래, 이후 군산선, 진해선, 경의선, 경원선 구간에 투입된 바 있으며, 1987년 서울올림픽을 앞두고 새마을호 열차의 증설과 고급화를 위해 새마을형 디젤액압동차를 도입하였는데 차량 편성의 앞과 뒤에 기관이 있어 전후 동력형(Push-Pull, PP) 디젤동차가 '새마을호'라는 이름으로 2014년까지 운행된 바 있음.

- 전기기관차는 디젤기관차보다 견인력이 좋고, 소음이 적으며 매연이 없는 기관차로, 국내 전기기관차는 1924년에 금강산선에 도입된 데로형 전기 기관차가 효시이나, 남북 분단이후 1970년대 중앙선, 태백선, 영동선 등 산업선의 전철화가 완료되어 8000호대 전기기관차가 도입되면서 본격적으로 전기기관차가 운행되었고, 이후 1990년대 경부선, 호남선 전철화로 8100·8200·8500호대 전기기관차가 도입됨.

- 전기동차는 별도의 기관차 없이 전기를 이용한 동력 분산식의 열차로서, 단거리 도시 통근형으로는 줄여서 '전동차'로 불리며 1974년에 서울지하철 1호선에 도입된 이래 수도권 광역철도와 주요 지자체에서 운행 중에 있음.

- 1980년 11월에 중·장거리 주요간선 수송용 전기동차로 우등형 전기동차가 운행된 바 있으며, 2014년 5월에 새마을호 대체 수단으로 전기동차(EMU-150)를 이용한 ITX-새마을 열차가 경부선, 호남선 등 주요 간선에 150km/h 속도로 운행을 시작함.

- 고속 전기동차로 2004년 KTX 열차가 경부고속철도를 300km/h 속도로 운행을 시작하였고, 국가R&D 시험차량인 HSR-350x 기술을 이용하여 제작된 한국형 고속철도차량인 KTX-산천이 2010년에 도입되었으며, 2015년 4월 최고속도 350km/h의 신형 KTX-산천이 호남고속철도에 도입됨. 현재 국가R&D를 통해 HEMU-430x 고속철도가 개발되어 국내 상용화를 앞두고 있음.

- 1995년, 과천선 전동차 사고로 인해 우리나라 기술 자립의 필요성이 대두되면서 착수된 도시철도표준화·국산화 연구개발사업이 우리나라 철도R&D의 시작이며, 고속전철기술개발사업과 함께 본격적인 철도기술개발이 착수되었지만, 우리나라

철도기술개발은 불과 20여년 정도밖에 되지 않아, 우리나라 최초 철도 도입시점부터 약 100년에 가까운 기간 동안 국외기술에 의존해옴.

모가 탱크형 증기기관차 (1899년)

터우형 증기기관차 (1906년)

아메형 증기기관차 (1911년)

2000호대 디젤기관차 (1955년)

파시형 증기기관차 (1921년)

미카형 증기기관차 (1919년)

6000호대 디젤기관차 (1963년)

1967년 8월, 증기기관차 철도본선 운행 종료

7500호대 디젤기관차 (1971년)

도시통근형 전동차 (1974년)

8000호대 전기기관차 (1972년)

1970년대 철도 산업선 (중앙·영동·태백선) 전철화

우등형 전기동차 (1980년)

새마을형 디젤동차 (1987년)

8100호대 전기기관차 (1995년)

그림 10. 우리나라 철도 발전사

- 우리나라 철도규모는 차량분야 뿐만 아니라 시설, 전기, 운영 등 모든 분야에 걸쳐 성장 발전하였는데, 시설 분야의 경우 최초로 33.2km의 경인선으로 시작한 철도 연장은 도시철도를 포함하여 2015년 8월 통계청 기준으로 4,974km로 약 150배 늘어났음.
  - 이 중, 철도공사 관할 연장은 3,866km이며, 복선 연장은 2,271.9km로 전체 연장의 약 60%에 달하고, 전철 연장은 2,719.6km로 전체 연장의 약 70%에 달함.
  - 초기의 철도는 7개 역과 119명의 철도 종사원으로 시작하였지만, 현재 672개 역이 운행 중이고 27천여 명의 직원이 종사하고 있음.
  - 열차자동제어 기술의 발달로 철도의 고속화가 가능하게 되었고, 2012년 기준 3,033개의 교량과 686개의 터널이 건설되어 운영 중임

- 우리나라 정부는 전국 주요 거점을 일상 통근시간대인 1시간 30분대로 연결하여 하나의 도시권으로 통합한다는 내용의 '제2차 국가철도망 구축계획(2011~2020)'을 수립하여, X자형 고속철도망 및 ㅁ자형 네트워크 구축과 수도권 광역·급행철도 사업의 본격 추진, 대도시 교통난 해소를 위한 광역철도망의 지속 확충 계획을 포함하고 있어 앞으로 철도 연장은 더 늘어날 것이고, 철도가 대표 수송 교통수단으로 확고히 자리매김할 것임.
  - 2020년까지 철도분야에 약 88조원을 투입하여, 총 연장 4,934km로 확충하고, 복선화율 및 전철화율을 각각 79%, 85% 달성을 목표로 정함.

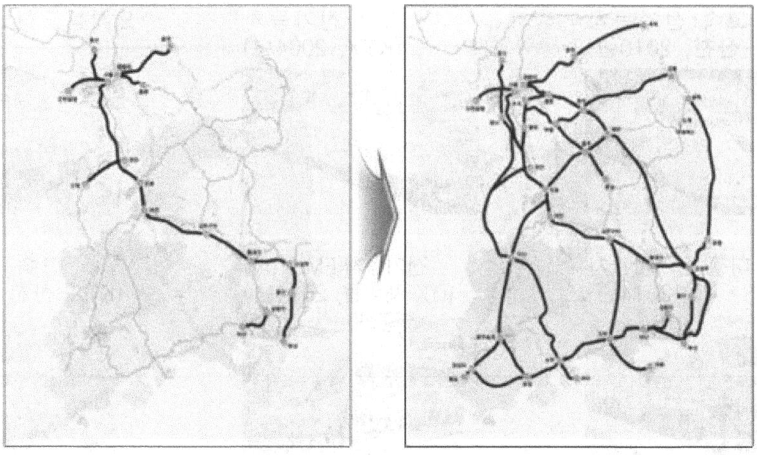

그림 11. 국토 최단거리 연결 X자형 + □자형 결합노선

[출처: 제2차 국가철도망 구축계획(2011~2020)]

# 제2장 미래 동향 분석

미래철도 전망 2040

# 제2장 미래 동향 분석

## 제1절 미래 메가트렌드

■ **국토교통부 『2040 국토교통 미래기술예측조사[1]』에서는 메가트렌드를 STEEP 분석을 통해, 인구구조 및 사회환경의 변화, 과학기술의 발전, 기술 융복합, 글로벌 경제사회, 지구온난화 및 기후변화, 에너지·자원 부족, 안보 및 안전이라는 7가지 메가트렌드를 선정하고 14개 세부 트렌드를 도출하였으며, 본 보고서는 메가트렌드별 주요 내용을 발췌·기술하고 이를 분석함.**

표 1. 7대 메가트렌드 및 14개 관련 트렌드[1]

| 메가트렌드 | 트렌드 | 키워드 |
|---|---|---|
| 인구구조 및 사회환경의 변화 | 저출산·고령화 사회 | 고령화, 핵가족, 1인 가구, 저출산, 교통약자 |
| | 도시인구의 증가 | 초고층 빌딩, 고밀도 도시, 공간활용, 소규모 주택 |
| 과학기술의 발전 | 첨단 국토교통 기술 | 센싱기반 활용, 교통수단의 개인화, 초고속 이동 |
| 기술 융복합 | ICT기술의 발달 | 인문학/예술분야 접목, 감성기반, Big-data |
| | 나노기술의 발달 | 나노공학 기반, 소형화, 신소재 적용, 정밀화, 형상기억 |
| | 로봇기술의 발달 | 지능화, 인체 대체, 자동화 |
| 글로벌 경제사회 | 세계시장의 통합 | 선진국의 세계 건설시장 경쟁력 강화, 신도시 개발기술 수출, 대륙별 경제권 형성, FTA |
| | 인력이동의 글로벌화 | 다국적 인재등용, 글로벌 거버넌스 체계 확립, 국제 표준화, 전세계 일일생활권 |
| 지구온난화 및 기후변화 | 지구온난화 심화 | 온실가스 배출량 규제, 자연재해 대응 |
| | 환경오염의 증가 | 환경오염 저감 소재 활용, 폐자재 활용 |
| 에너지·자원 부족 | 에너지·자원 수요의 증가 | 친환경 에너지원, 국가간 자원확보 전쟁, 자원 무기화, 신재생에너지, 해양·해저 개발 가속화, 전기 자동화 활용 증가 |
| | 물·식량 부족의 심화 | 물 부족 증가, 수자원과 에너지자원의 통합관리 |
| 안보 및 안전 | 재해·재난 대비 | 국제질서 다극화(테러위협 증가), 시설물 관리 강화, 사고사망 최소화, 재해 감시 강화, 내진 강화 |
| | 한반도 통일 시대 | 북한 주택 문제, 막대한 통일 비용, 통일관련 기반구축 메가 프로젝트 |

- (저출산·고령화 사회) 세계 인구구조는 급속한 고령화의 진행으로 지금까지 노령(65세 이상)인구는 세계 인구의 2～3%를 넘지 않았으나, 오늘날 선진국의 노령인구 비중은 약 15%에 달하고 있으며, 2030년 무렵에는 25%까지 증가할 전망임. 또한, 세계적으로 60세 이상 고령인구는 2050년에는 지금의 세 배 이상이 될 것으로 전망.
  - UN은 2050년에는 5명 중 한명이 60세 이상이 될 것이며 이러한 현상이 지속된다면 60세 이상 인구는 2050년 무렵에는 약 20억명 정도가 될 것으로 추산.
  - 우리나라는 2000년에 이미 고령화사회(65세 이상 고령자 비율 7%)에 진입하였으며 2018년 고령사회(14%), 2026년 초고령사회(20%)에 도달할 전망.
  - 보건복지부(2012)에 따르면, 2026년 초고령사회(20%)에 이어 2049년에는 전체 인구의 40%가 노인이 될 전망으로, 고령화사회에서 고령사회, 초고령사회로 진전되는 속도는 17년과 8년으로 대표적인 고령국가인 일본(24년, 12년), 프랑스(115년, 39년) 등에 비해 현저히 빠른 속도를 나타냄.

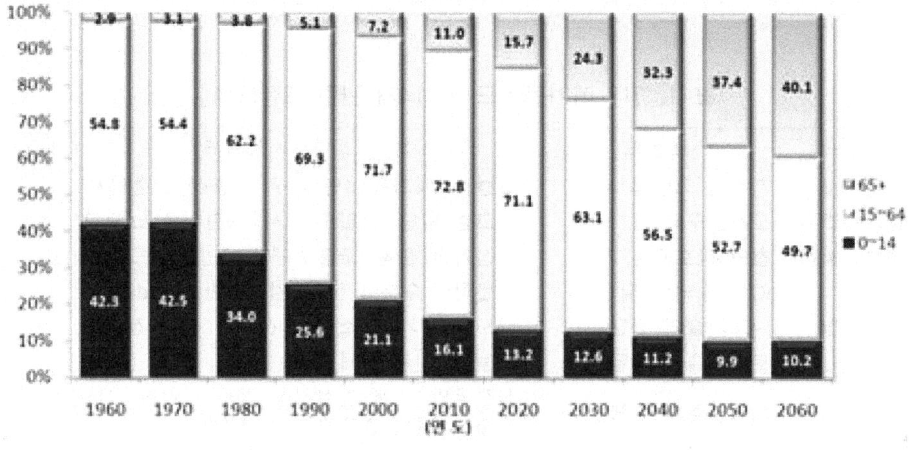


그림 12. 우리나라 연령 계층별 인구 구성비 변화

[출처: 장래인구추계:2010～2060, 통계청, 2011.12]

- (도시인구의 증가) 세계적으로 도시 인구수는 증가 추세에 있으며, 2015년 아시아 도시 인구는 전체 인구의 47.5%를 차지하고, 2040년에는 전체 인구의 60%를 차지할 것으로 전망.
  - 도시인구의 증가와 지속적 도시화에 대응할 수 있는 안전한 고밀도 도시 보급이 가능하도록 공간 활용을 극대화한 메가시티가 대두.

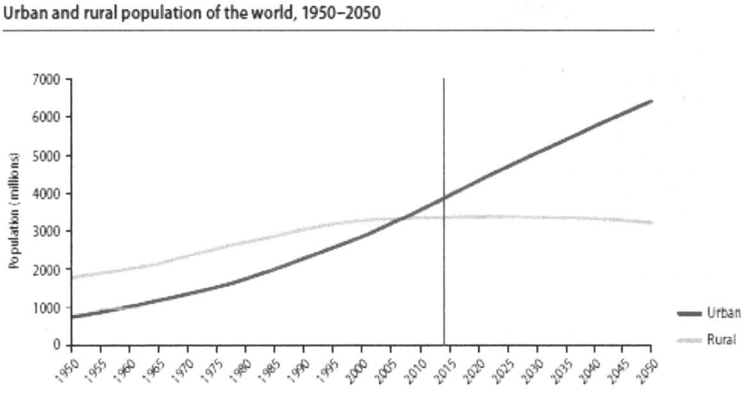


그림 13. 세계의 장래 도시 및 지방 인구 추이

[출처: World Urbanization Prospects: 2014 Revision, UN, 2014]

- (첨단 국토교통기술의 등장) 과학기술의 발전에 따라 보다 효율적이고 창의적인 도시내/지역간 교통시스템이나 교통수단이 보급될 것이고, 미래 메가시티 내/메가시티 간 교통체계에 대한 수요가 대두됨에 따라 창의적 아이디어를 활용한 다차원의 Multimodal 교통시스템이 필요할 것이고 출현할 것으로 전망.
  - 도시간, 지역간 이동이 활성화됨에 따라 더 빠르고 효율적으로 안전하게 이동할 수 있는 간선 교통수단이 필요할 것으로 예상되며, 지하 공간 및 해중/수중 공간에서의 이동을 위한 폐쇄된 튜브구조물 기술의 발전 및 추진력을 극대화하기 위한 튜브 진공기술을 기반으로 한 튜브철도 등 신개념 교통수단 등장

그림 14. 무인자율 네트워크주행 PRT

[출처: 세계일보, 2015.05]

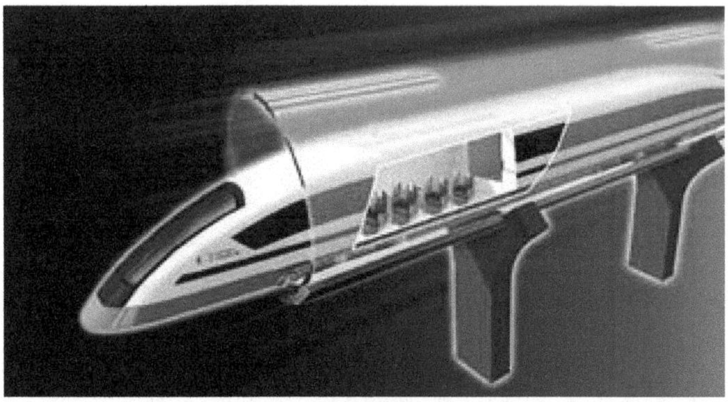

그림 15. 초고속 캡슐형 에어로 트레인
[출처: 한국철도기술연구원]

- (ICT·나노·로봇 기술의 발달) 기술 융복합은 이종의 기술 분야가 합쳐지면서 기존 기술에서의 혁신적 성과를 나타나게 하는 과정으로 최근에는 인문학이나 예술 분야까지의 융합까지도 고려되고 있는 추세이며, 과학기술의 극단적 발전에 힘입어 기술의 제어 범위가 나노 크기의 수준으로 향상되고, 개인의 지적 능력이 감당할 수 없는 방대한 정보에 기반한 컴퓨터 정보시대가 진전됨에 따라 미래의 기술혁명은 다양한 분야의 지적능력이 결집한 융복합 기술이 주도할 것으로 예견.
  - 인지과학과 ICT 기술의 융합은, 산업기술 분야별로 가장 보편적이고 광범위하게 나타나는 자동화, 지능화 과정인데, 지능형 교통체계 및 자율주행자동차, 지능형 인프라 및 주택 등 다양한 국토교통 분야와의 접목이 가능하며 궁극적으로 뇌파를 활용하는 교통수단 및 스마트 홈 등의 ICT 기술 융합 기술이 가능할 것임.
  - 각종 건자재의 초고강도, 내식성, 무오염 나노소재 표면 처리 기술, 나노카본튜브(CNT)를 이용한 물 정화 기술, 고효율 연료전지 기술 등으로 첨단 신소재의 광범위한 활용이 예상됨.
  - 인간의 능력을 향상시키는 로봇기술은 입는(Wearable) 로봇과 같이 근력을 강화해 주는 로봇 기술로 보다 강해지고자 하는 인간의 꿈이 어느 정도는 현실화 될 것으로 예상됨.

그림 16. 형상기억 소재
[출처: CRG.US]

그림 17. 웨어러블 로봇
[출처: 매일경제TV, 2014.7]

- (세계시장의 통합·인력이동의 글로벌화) 세계시장의 통합, 인력이동의 증가 등에 따라 글로벌화는 심화될 전망이고 이에 따라 국제질서 다극화 진전이 예상됨.
  - 정보통신기술 및 교통의 발달, 세계화 인식의 확산 등에 따라 경제적 장벽이 급속히 허물어지고 있으며 자유무역협정(FTA) 체결이 증가하는 등 글로벌 경제시대가 도래할 전망.
  - 국가·산업별로 일자리창출 기회 및 주력산업이 차별화되고 근로자의 노동이동이 증대하는 등 노동시장의 구조적인 변화가 진행되고 있으며, 또한 국제질서가 다원화되고 국제 상호의존성이 증대함에 따라 본격적인 글로벌 거버넌스가 제기되고 있음.

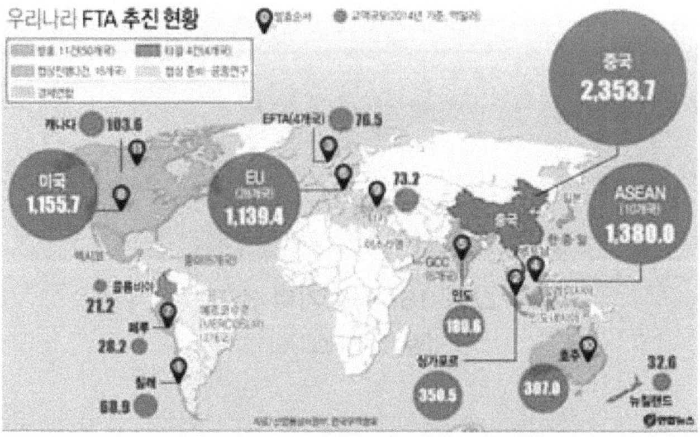


그림 18. 우리나라 FTA 추진 현황

[출처: 연합뉴스, 2015.4]

그림 19. 다국적 기업화

[출처: GKSPREAD]

- (지구온난화 및 기후변화) 미래사회는 지구 평균 온도의 지속적 상승, 글로벌 온실가스 배출량 규제와 관련한 갈등 증가, 대규모 자연재해 발생 빈도 증가 등 지구온난화의 심화 및 이상기후 현상의 증가가 예상되며, 경제발전에 따른 대기, 토양, 해양 및 지하수 오염 등 환경오염의 심화와 극지방의 빙하 감소, 해안선 상승 및 식생대 변화 등 기후 변화 및 환경 문제가 심화 될 것으로 예상됨
  - IPCC(Intergovernmental Panel on Climate Change, 2007) 4차 보고서에서 온실가스 배출량의 증가로 최근 100년간(1906년~ 2005년) 지구 평균 기온은 약 0.74℃±0.18 정도 증가하였고, 최근 50년을 고려하면 더욱 커진다고 보고되었음 (0.13℃±0.03/10년).

- 국립환경과학원(2010) 발표에 따르면, 한반도는 세계평균보다 온난화가 빠르게 진행되는 '기후변화 민감지역'으로 1991~2000년 한반도 연평균 기온은 13.5℃로 1912~1990년 12℃에 비해 1.5℃ 상승함. 이는 동기간 세계 평균기온 상승폭(0.6℃)의 2.5배에 달하는 수치임.
- 제17차 유엔기후협약 당사국 총회(2011.11.28) 결과 2012년에 만료되는 교토의정서 시한을 오는 2017년까지로 최소 5년 연장하고, 2020년 이후부터는 온실가스를 배출하는 모든 국가가 참여하는 새로운 기후체제를 출범키로 합의함.

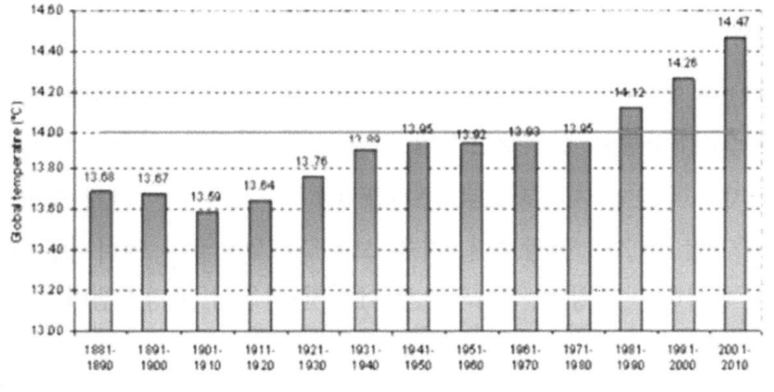


그림 20. 지구 평균기온 변화

[출처: motherboard.vice.com]

그림 21. 환경오염 가속화

[출처: theguardian]

- (에너지·자원 부족) 화석에너지의 고갈, 신흥국의 수요증가 등에 따라 유가 증가 및 공급부족은 심화될 것으로 전망되며 기존 유전의 생산량 정체, 중국, 동남아시아, 중·남미 등의 경제 성장으로 에너지 공급과 수요의 불균등이 심화되고 이로 인한 에너지 수급비용이 증가될 것으로 전망.
  - 향후 10년 내 세계 원유 생산은 정점에 도달할 것으로 예상하는 반면, IEA는 2030까지 하루 106백만 배럴 이상까지 원유 수요가 증가할 것으로 전망하고 있음.
  - 2035년 1차 에너지 수요는 중국 등 비 OECD 국가의 수요 급증으로 2009년 대비 40%가 증가하며, 에너지 자원 부족이 심화될 것으로 추정됨.
  - IEA(2011)는 향후 신재생에너지가 2035년 총 발전량의 15%를 차지하며, 풍력, 바이오매스, 태양광이 신재생발전의 약 90%를 차지할 것으로 전망함.
  - 화석에너지의 수요가 지속적으로 증가함에 따라 효율적 에너지 이용에 관한 기술 수요가 증가할 것으로 전망되며, 자원 보유 및 생산국의 에너지를 매개로 정치적 영향력을 행사하는 경향이 심화되면서 에너지·자원이 국가경쟁력의 중요한 요소로 부각되고 있음.

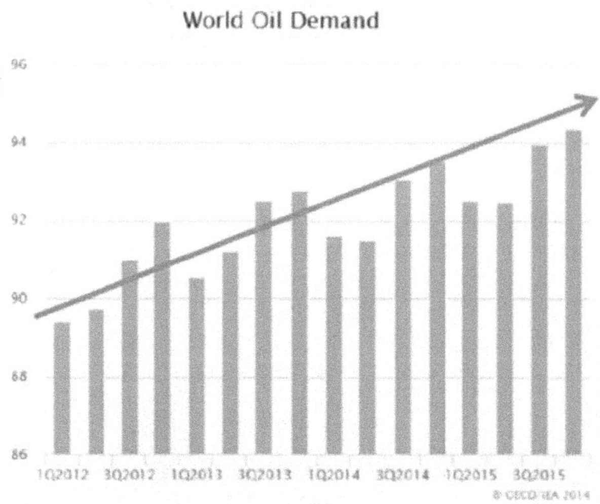


그림 22. 석유 소비량 증가

[출처: advisorperspectives.com]

- (안보 및 안전) 국제질서 다극화 진전에 따라 지역의 갈등 지속, 민족간 분쟁으로 인한 국지전의 증가, 서구와 이슬람의 대결 심화, 종교·문화차이 등 다양한 위험요소로 인해 세계적 갈등과 분쟁의 지속화로부터 안보는 중요한 사회문제로 대두될 것임.
  - 경제 불안, 사회 해체 등 글로벌화의 부작용에 노출된 개인이나 집단이 조직적으로 사이버 공격을 감행할 가능성이 증가할 전망임.
  - 전 세계적으로 전쟁 및 테러 억제, 국제범죄를 근절하여 평화로운 세계를 유지하고 국제사회 질서변화 및 국제환경변화에 대응하여 인류의 번영을 도모하는 방향으로 정책이 시행될 것이며, 핵확산 금지 및 환경이슈에서의 상호의존 증대, 글로벌 거버넌스·파트너십 확대, 장기적이고 지속가능한 성장을 위해 세계정치 불안정, 글로벌 경제 위협 등 SOC 운영 관리를 위한 정부의 역할이 증대될 것임.
  - 특히, 경제발전, 종교적 차이, IT 기술발전, 고령화, 제도적 요인 등 복합적인 작용으로 인해서 양극화가 심화될 전망이고, 종교적, 문화적 갈등이 지속되고 국지적인 분쟁은 갈수록 격화될 것이며, IT기술의 발전과 인터넷의 급속한 보급을 통해서 사이버테러가 급증하고 비국가적 주체에 의한 테러위험이 증가할 전망임.
  - 전 세계에서 분단국가로 유일하게 남은 우리나라의 현실은 우리만이 갖고 있는 고유의 변수로, 국제 경제상황의 영향보다 크게 우리 사회에 충격을 주고 경제의 근간까지 흔들 수 있는 위험요소이므로, 향후 어떻게 올지 모를 통일이라는 변수에 대한 국토교통 측면의 대비가 필요함.

그림 23. 테러 등 재해·재난 증가

[출처: express.co.uk]

## 제2절 미래 철도환경 변화 예측

■ **2020년, 2030년, 2040년의 단기 및 중장기적인 우리나라 철도환경 변화를 광역·도시철도, 일반·고속철도, 남북·대륙철도 분야별로 예측하고, 에너지·환경 측면에서 철도환경에 미치는 영향을 분석함.**

- 2020년에는 대도시권의 광역화와 더불어 광역교통 혼잡이 가중되면서 철도 중심의 광역대중교통체계로의 전환이 예측되고, 고속철도 노선이 더욱 확충되면서 보다 빠르고, 안전하고, 편리한 철도서비스를 요구받게 될 것이며, 통일시대 대비에 대한 공감대 형성과 유라시아 철도 연결을 통한 동북아 물류의 철도 운송을 통한 국가 경제적 이익이 부각되면서 남북 및 대륙철도 연결 및 상호운영을 위한 각종 방안이 강구될 것으로 예측됨.

  - (광역·도시철도 분야) 수도권 등 대도시권의 광역화와 더불어 신규 도로건설의 한계상황에 직면함에 따라 도로교통의 포화상태로 수도권 광역교통 혼잡이 가중되면서, 2016년 성남~여주간 전철 개통에 이어 2020년대 초에 서울 삼성~동탄간 대심도 광역급행철도(GTX)가 개통되는 등 철도 중심의 광역 대중교통 체계로의 전환이 지속될 것으로 예측됨. 한편, 도심지 밀집화로 지상의 고밀도화, 토지확보의 어려움, 소음 등의 민원 등으로 도심에서의 철도 교통망의 지하 내지 고가의 입체화가 더욱 가속화될 것으로 전망되며, 이러한 도심지내 입체 교통망의 확충에 따라 지상에서의 보다 빠른 접근성과 타교통수단과의 연계, 환승·이동 편의성 및 쾌적성 향상 등 철도서비스의 질적 향상을 지속적으로 요구받게 될 것으로 예상됨[3].

    * 대도시권의 광역화로 2010년 기준으로 1997년 대비 수도권인구가 19% 증가한데 반해, 교통 통행량은 31% 증가하여 인구증가율의 1.5배에 달하며, 서울과 경기도를 이용하는 차량 중 승용차가 60%를 차지하며 이중 80% 이상이 나홀로 탑승 승용차인데다가, 출퇴근 혼잡시간대 승용차가 차지하는 비중이 75%에 육박하여 수도권 광역교통 혼잡이 극심한 상황임.[출처: http://suwonid.tistory.com/943]

    * 또한, 수도권 철도 인프라는 일본 동경권의 1/4, 영국 런던권의 1/3, 프랑스 파리권의 1/2 수준으로, 인구 만 명당 동경권의 1/3, 런던권의 1/6, 파리권의 1/5 수준에 불과하여 철도 수송분담율이 23%로 저조함.[출처:http://suwonid.tistory.com/943]

그림 24. 광역 도로교통 혼잡

[출처: 뉴시스]

- (일반·고속철도 분야) 2004년 경부고속철도 개통에 이어 2015년 호남고속철도 (오송~광주송정) 개통으로 서울 용산~광주간 90분대 연결과 2016년 수도권 고속철도인 수서~평택간 고속철도 개통, 2018년 평창올림픽을 위한 원주-강릉 복선철도 개통으로 고속철도를 이용하여 인천에서 서울을 거쳐 중앙선과 원주-강릉선을 이용하여 2시간 이내 평창에 도착하는 등 고속철도 운행구간이 지속 확대될 것으로 전망되며, 이를 통해 철도가 빠르고 편리한 대중교통수단으로 인식되면서 이에 부응한 고속철도의 효율 향상과 함께 안전한 철도 수송, 승객의 편의·쾌적성 향상 등 고품질의 철도서비스를 요구받게 될 것으로 예상됨.

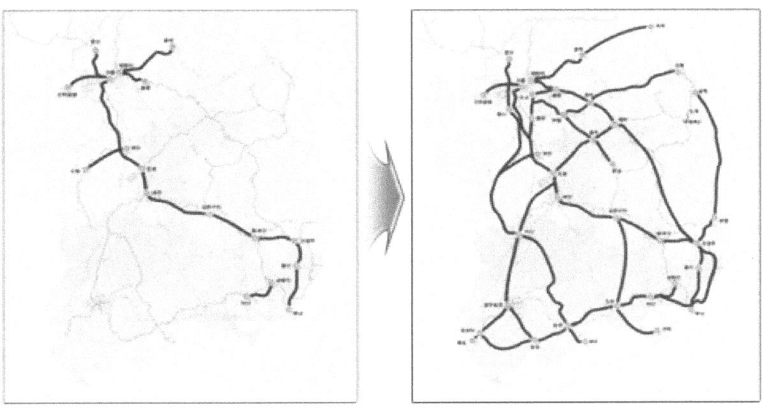

그림 25. 국토 최단거리 연결 X자형 + □자형 결합노선

[출처: 제2차 국가철도망 구축계획(2011~2020)]

그림 26. 수도권 고속철도 동탄 지하역사

[출처: 한국철도시설공단]

- (남북·대륙철도 분야) 북한과의 관계 개선 혹은 북한 정권의 급작스런 붕괴로 어느 순간에 찾아올 통일시대를 대비해야 한다는 데에 공감대가 형성되는 가운데, 유라시아 철도 연결로 동북아 물류의 철도 운송을 통한 국가 경제적 이익이 부각되면서 남북한 철도연결 및 상호운영을 위한 각종 방안이 강구될 것으로 예측됨. 한편, 2015년 나진(북한)~하산(러시아) 프로젝트를 추진하는 러·북 합작회사인 라손콘트란스 대표단과의 경제교류 활성화 협약 체결의 성과로, 북한 나진까지 선박을 이용한 후 러시아 하산을 거쳐 유럽까지 화물을 수송하는 육해복합물류수송 협력사업이 본격화 될 것으로 전망됨.

그림 27. 나진~하산 물류 시범운송

[출처: 연합뉴스, 2014.11]

- (에너지·환경 분야) 2014년 말 미국의 셰일가스 생산 본격화에 따른 산유국의 저유가 기조로 인해 오히려 석유 소비가 늘어나고, 셰일가스 채취시 발생하는 메탄이나 이산화탄소로 인해 지구온난화가 더욱 가속화되어 지구 평균기온 및 해수면 상승, 이상 기후, 생태계 파괴 등의 급속한 변화가 야기될 것으로 보여, 고효율의 교통수단인 철도교통으로의 전환(modal shift) 인식이 더욱 퍼질 것으로 예상됨. 또한, 현재 교토기후협약에 의거 선진국을 비롯 세계 각국에서 의무적으로 화석연료 소비 감소 및 온실가스 발생량 감축을 추진 중인 가운데, 우리나라는 2020년부터 의무대상국에 편입되기 때문에 그간 자발적으로 추진해 온 온실가스 감축 정책이 강화 지속될 것으로 예측됨. 한편, 셰일가스 생산량 증가로 인해 세계 에너지 시장이 재편되고, 셰일가스의 주된 성분인 액화천연가스(LNG, liquid natural gas) 중심의 산업 발달이 지속될 것으로 보임. 비록, 철도의 친환경성 및 에너지 효율성은 타교통수단에 비해 경쟁 우위에 있지만, 교통부문 온실가스 배출량 감축 의무 이행을 위해 철도분야에서도 철도차량·역사 내 신재생에너지의 활용, 에너지 저장·분배 등 효율적인 에너지 사용으로 보다 고효율의 친환경적인 철도가 도입될 것으로 예상됨.

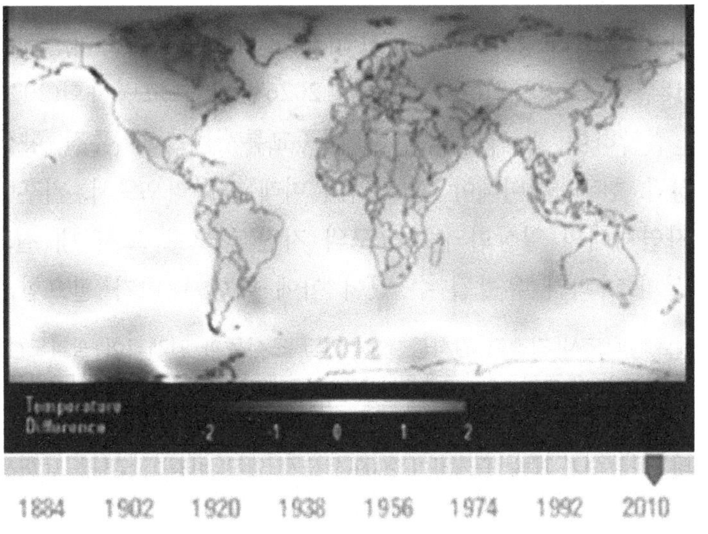


그림 28. 지구 온난화

[출처: livescience]

- 2030년에는 환경오염이 한계상태에 직면함에 따라 보다 친환경적인 대중교통체계로의 급속한 전환과 함께 광역도시권 내 다중 교통수단간 복합수송(intermodal transport)이 활성화되고, 고속철도 노선의 지속적인 확충으로 고속철도이용이 보편화됨에 따라 승차감 등 기대 서비스 수준의 증가와 함께, 수도권에서의 고속철도 운행의 병목현상에 따른 안전문제가 이슈로 대두될 것으로 예상되며, 남북 화물철도, 북한을 통한 중국과의 물류 교역의 시작이 예상되어 동북아 대용량 물류 운송과 여객 수송에 대한 기대감이 커질 것으로 전망됨.

  - (광역·도시철도 분야) 도시의 크기가 커지면서 현재 수도권과 같은 1,000만명 이상이 거주하는 거대도시(megacity)에 준하는 도시가 지역별 광역 경제권역을 중심으로 생길 것으로 예상되며, 새로운 사업기회, 일자리, 편의시설 등을 찾아 인근 광역도시와의 연계가 밀접해지고 이동수요가 급격하게 증가할 것으로 전망되어[4], 이를 위한 광역도시권 내 다중 교통수단간 복합 수송이 활성화 될 것으로 예상됨. 그리고, 도심지 과밀화와 자동차 급증 등에 따른 대기오염이 한계상태에 직면함에 따라 친환경적인 대중교통체계로의 전환이 빠르게 이루어 질 것으로 예측됨. 또한, 2014년 기준 우리나라 65세 이상 인구가 총인구에서 차지하는 비율이 12%로 고령화 사회에 진입(7% 이상)되어 있으며, 국토연구원(2009)에 따르면 2018년에 고령사회(14% 이상), 2026년에 초고령사회(20% 이상)에 진입할 것으로 전망하여, 노인층을 위한 대중교통서비스의 품질 향상 요구가 강할 것으로 예상됨. 한편, 대비해야 할 최악의 미래 시나리오로서, 기후변화대응 실패에 따른 이상자연재해의 일상화와 대규모의 지진 등으로 도시 내 철도시설 등 기반 인프라 시설의 파괴가 유발될 수 있어 이에 대한 대비가 필요함.

* 거대도시(megacity): 도시 경쟁력 강화를 위해 인접 도시들과 연계되어 광역도시화 특징이 있으며, 인접 여러 도시들이 연결된 메갈로폴리스(Megalopolis)를 형성하기도 하고, 서울과 같이 대도시 주변에 위성도시를 거느린 대규모의 수도권으로 발전함[4].

* 도시 인구 및 도시 수가 계속 증가하여 2009년 도시 인구 비중이 50%를 넘어섰으며, UN(2010년)에서 2030년 전 세계 인구의 60%인 50억 명이 도시에 거주할 것으로 전망[5].

그림 29. 광역 경제권

[출처: 머니투데이, 2008.1]

- (일반·고속철도 분야) 고속철도가 지금보다 확충되어 서울에서 목포, 여수, 강릉 등 남북, 동서 고속철도가 개통되어 우리나라 전역을 보다 빠르게 접근이 가능할 것으로 전망되나, 이로 인해 2025년 즈음에는 수도권 지역에서 고속철도 운행시 병목현상이 발생될 우려가 있어 지연, 충돌 우려 등의 문제와 함께 KTX 초기 모델의 노후화에 따른 고장 등 안전에 대한 관심이 고조될 것으로 보임. 한편, 고속철도 이용이 대중·보편화되면서 승차감 향상 등 철도 서비스 기대 수준은 더욱 높아질 것으로 예상됨.

그림 30. 고속선 병목

[출처: 매일경제, 2015.11]

- (남북·대륙철도 분야) 2020년의 남북 화물철도 시범 개통 이후 남북 경협이 활성화 되면서, 남북한 간 물동량이 증가하고 이에 맞추어 선로용량 증대 및 속도향상 요구가 있을 것으로 예상되며, 북한을 거쳐 중국과의 철도를 통한 물류 교역을 시작으로 중국 횡단철도(TCR), 몽골횡단철도(TMGR), 시베리아횡단철도(TSR)을 통한 중국, 몽골, 러시아 등 동북아 대용량 물류 운송과 여객 수송에 대한 기대감이 커질 것으로 전망됨.

- (에너지·환경 분야) 교토기후협약에 따라 2020년부터 화석연료 소비 감소 및 온실가스 발생량 감축 의무 이행 국가로 분류된 이후 감축의무 부담이 더욱 가중될 것으로 보이고, 수출 주도형 경제 체제인 우리나라의 경우 제조업 분야에서의 온실가스 감축이 더 이상 어려워 화석연료를 사용하는 교통수단의 증가가 억제되고 친환경 에너지를 이용하는 교통수단이 확대·보급될 것으로 예측됨[3]. 온실가스 감축의무가 가중됨에 따라, 기존 석유자원에 비해 온실가스 및 환경 오염물질 배출이 상대적으로 적은 액화천연가스(LNG)가 석유자원을 대체하였지만, 이 또한 천연가스 채취 및 연소시 온실가스가 발생하는 관계로, 석유, 천연가스(LNG) 등 화석연료를 완전히 대체 가능한 새로운 에너지원으로서 2010년 후반 대에 개발되어 버스, 자동차 등에 적용되어 온 바이오메탄가스를 열차에 접목하려는 시도가 있을 것으로 예측됨.

그림 31. 중국 보하이 발전계획

[출처: 매일경제, 2015.10]

그림 32. LNG 혼소(Dual-fuel) 기관차

[출처: railwayage.com]

- 2040년에는 우리나라 도시 인구가 꾸준히 증가하여 도시 규모가 더욱 확대되면서 광역도시간 이동수요가 증가하고, 전체 인구의 절반 이상인 노약자, 장애인 등 교통약자를 위한 기종점간 문전수송(Door to Door) 대중교통서비스를 요구받을 것이고, 초기 고속선의 노후화 문제가 대두되어 보다 빠른 초고속 철도의 신규 노선 건설에 대한 필요성이 제기될 것이며, 급속한 글로벌화 속에 한-동북아 국제 물류 운송을 위한 신규 노선 연결의 요구와 함께 한-동북아-유럽의 여객 수송을 위한 국가간 합의가 이루어질 것으로 전망됨.

  - (광역·도시철도 분야) 우리나라 총인구는 저출산 기조로 감소할 것으로 예상되지만, UN보고서[6]에 따르면 세계적으로 장래 도시 인구가 증가 추세에 있고 아시아의 도시 인구가 타 지역보다 가파르게 상승하여 2040년 인구의 약 60%, 2050년 약 64%가 도시에 거주할 것으로 전망함. 우리나라도 도시 규모가 더욱 확대되면서 도시 인구는 꾸준하게 증가하고 거대도시 수도 늘어나, 광역도시간 이동수요는 더욱 증가할 것으로 전망되며, 65세 이상 고령자가 전체 인구의 32% 이상을 차지하면서 14세미만 어린이, 임산부, 장애인 등을 포함한 교통약자의 이동성 향상 즉, 기종점간 문전수송(Door to Door) 대중교통서비스를 위한 대변혁을 요구받을 것으로 예상됨.

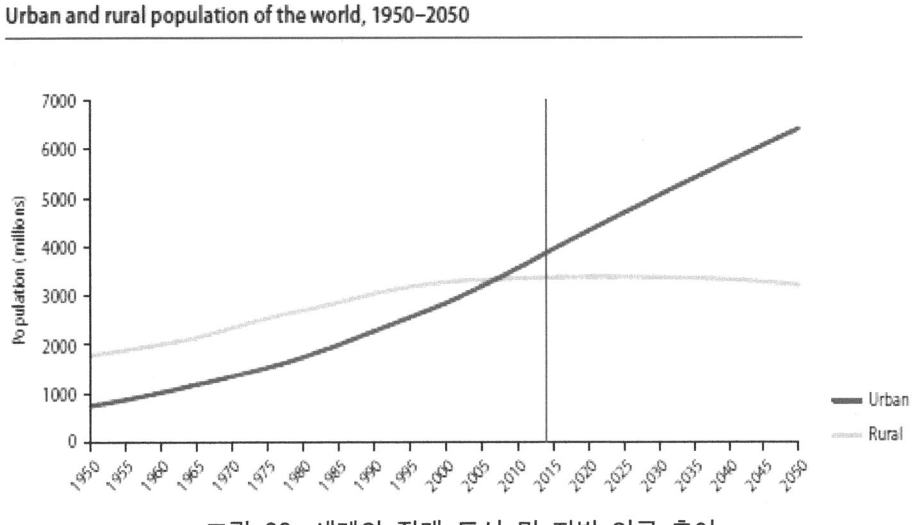


그림 33. 세계의 장래 도시 및 지방 인구 추이

[출처: World Urbanization Prospects: 2014 Revision, UN, 2014]

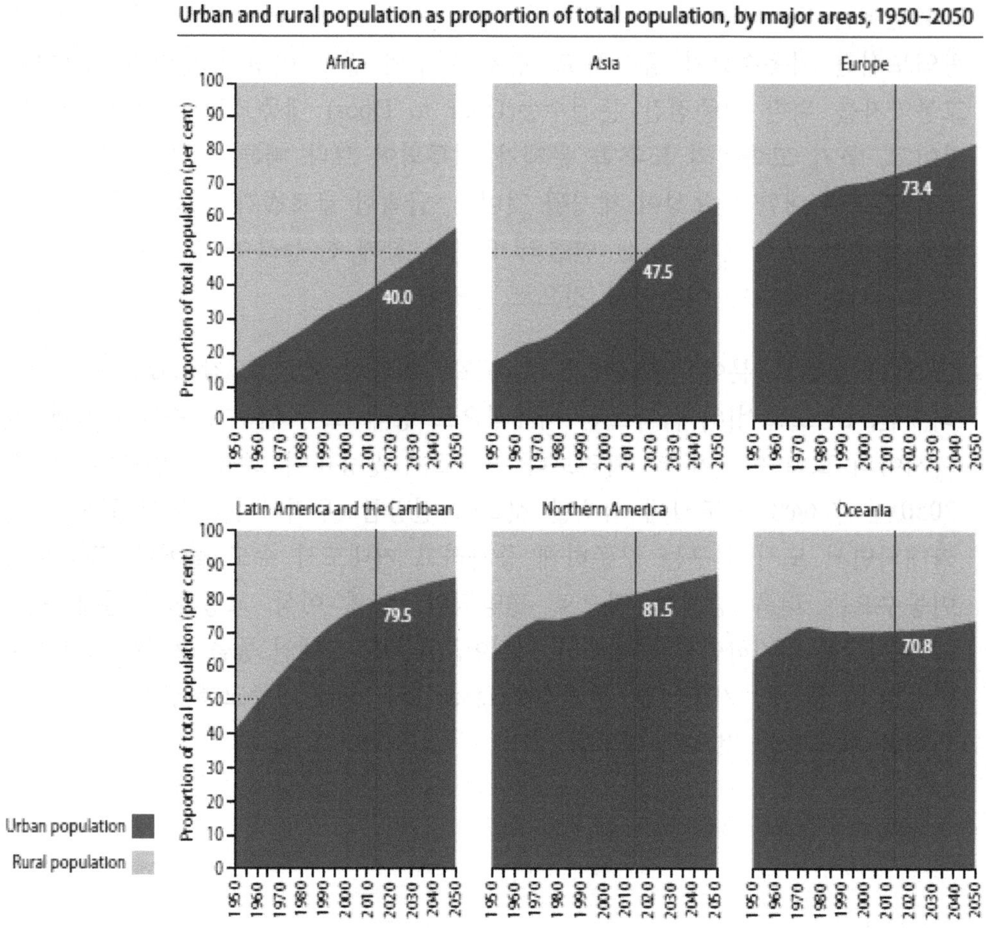


그림 34. 세계 주요 대륙별 장래 도시/지방 인구 비율 추이

[출처: World Urbanization Prospects: 2014 Revision, UN, 2014]

※ 우리나라 장래 인구 추계

통계청(2011년)에 따르면, 우리나라 총인구는 인구성장 중위가정에 따라 2030년 5,216만명까지 성장, 이후 이를 기점으로 감소하여 2040년 5,109만명으로 감소하고[7], 수도권 인구는 2029년 2,618만명을 정점으로 2040년 2,241만명으로 감소하고 세종, 충남의 인구가 계속 증가할 것으로 전망함[8]. 또한, 2026년에 초고령사회(20% 이상)에 진입한 이래 65세 이상 고령인구는 2030년 1,269만명에서 2040년 1,650만명으로 더욱 증가하여 전체 인구의 32% 이상이 65세 이상 노인층이 차지할 것으로 예측됨[7].

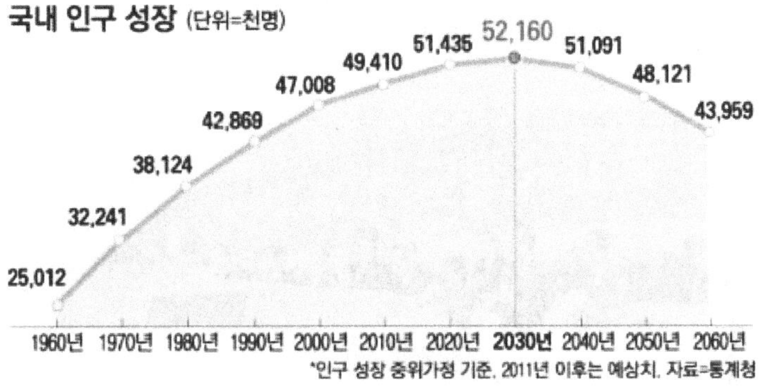


<우리나라 장래 인구 추계[출처:매일경제(2011.12)]>

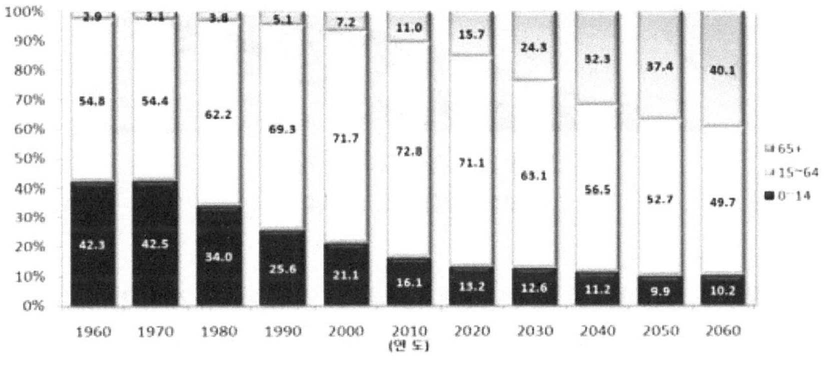


<우리나라 연령계층별 인구 구성비>

[출처:장래인구추계:2010년~2060년,통계청,2011]

[출처: 공익광고협의회]

- (일반·고속철도 분야) 우리나라가 고속철도를 도입한 지 36년 후에는 철도차량 및 인프라 노후화 문제가 대두되고, 동북아 및 남북 철도연결에 따른 철도화물 물동량이 급증할 것으로 예상됨에 따라 국내 기존 고속선로를 대량 화물운송 위주로 전환하고 승객 수송 전용을 위한 보다 빠른 초고속 철도의 신규 노선 건설에 대한 필요성이 제기될 것으로 예상됨. 또한, 나노기술의 발전으로 고효율, 초고강도, 초경량, 고내식성, 형상기억 등의 특성을 갖는 첨단 신소재의 등장으로 철도교통시스템의 대변화가 예상됨.

**그림 35. 경부고속선 개통**

[출처: 연합뉴스, 2004.4]

- (남북·대륙철도 분야) 동북아 국제 물류 교역량이 증가하면서 북한 신의주를 거쳐 중국횡단철도(TCR)을 통한 중국, 몽골, 러시아와의 물류운송량이 포화 상태에 달해 새로운 신규 노선 연결에 대한 요구가 높아질 것으로 예상되며, 한반도 종단철도망과 중국횡단철도(TCR), 몽골횡단철도(TMGR), 시베리아횡단 철도(TSR) 등 대륙철도망과의 연계를 통한 대용량의 철도 물류 운송과 더불어 한반도에서 동북아 지역으로의 초고속 철도를 통한 여객 수송이 본격화 될 것으로 보임. 또한, 국가간 경제활동의 활발한 교류와 세계시장의 글로벌화의 급속한 진행에 힘입어, 한반도를 포함 동북아시아에서 유럽까지 초고속 철도를 이용하는 여객 수송에 대해 국가간 합의가 이루어질 것으로 전망됨.

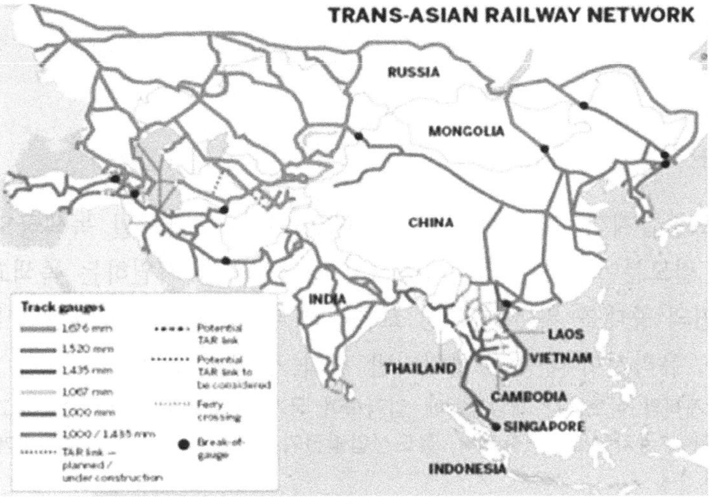


그림 36. Trans-Asian 철도 네트워크

[출처: topmedee.mn]

- (에너지·환경 분야) 세계 온실가스 감축에 대한 기후변화 대응 노력이 지속되는 가운데, 석유자원은 향후 10년 내, 세일가스는 향후 20~30년 내 고갈이 현실화 되고, 광물 자원 및 원자재 수급 불안에 따라 국가간 자원확보 경쟁이 심화될 것으로 예상되어, 일부 국가의 자원 무기화로 국제사회에 큰 불안이 야기될 것으로 예상됨. 이에, 기존 화석연료를 주원료로 하는 대중교통수단이 바이오가스, 원자력, 태양열, 풍력 등 대체 친환경 에너지원을 이용하는 신개념 교통수단으로의 대전환이 예상됨.

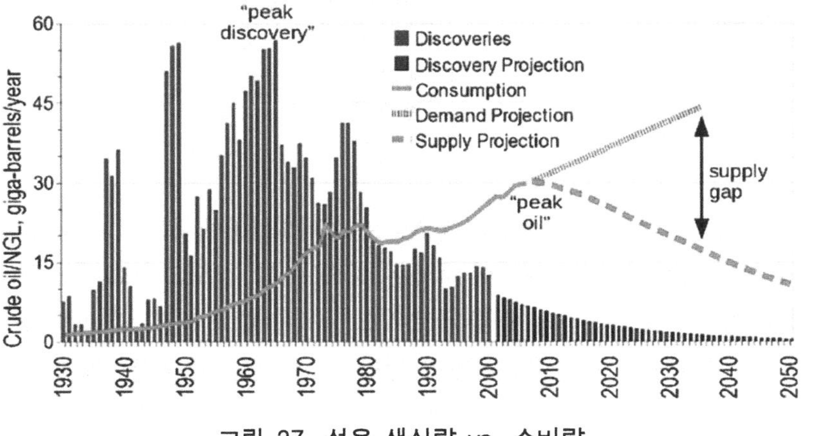


그림 37. 석유 생산량 vs. 소비량

[출처: fraw.org.uk]

# 제3절 국내·외 철도R&D 정책동향 분석

## ■ 국내 철도R&D 정책동향

- 제4차 국토종합계획 수정계획(2011~2020)[9]에서 '글로벌 녹색국토'라는 비전을 수립하고, 철도분야에서는 지속가능하고 경제성장을 지원하는 녹색교통체계 구축, 국민생활편의 증대를 위한 친환경 교통정책 추진, 남북한 교류협력 확대에 대비한 기반 구축, 유라시아-태평양 협력기반 강화 정책을 수립함.

※ 국토종합계획의 국토공간 개발방향에 입각하여 국가기간교통망계획이 수립되고, 본 교통망계획 달성을 위해 국가철도망구축계획, 철도산업발전기본계획, 국가교통기술개발계획이 수립됨.

표 2. 제4차 국토종합계획(2011~2020) 비전 및 추진전략[9]

| 구분 | 내용 |
|---|---|
| 비전 | 대한민국의 새로운 도약을 위한 '글로벌 녹색국토' |
| 현안문제 | 기후변화대응 및 에너지 과소비형 국토공간 지속<br>국가간 협력 및 경쟁체제 심화에 대응한 글로벌 국토기반 취약<br>인구 감소 및 고령화에 대비한 국토관리 기반 미흡<br>양질의 정주환경 및 사회통합 기반 미흡<br>고부가가치를 창출하는 신성장선도형 산업기반 미흡 |
| 추진전략 | 국토경쟁력 제고를 위한 지역특화 및 광역적 협력 강화<br>자연친화적이고 안전한 국토공간 조성<br>쾌적하고 문화적인 도시·주거환경 조성<br>녹색교통·국토정보 통합 네트워크 구축<br>세계로 열린 신성장 해양국토기반 구축<br>초국경적 국토경영기반 구축 |

- 국가기간교통망계획(2001~2020) 제2차 수정계획[10]에서는 5대 목표별 추진전략 및 과제를 수립하였고, 철도분야에서는 KTX중심 철도고속화, 교통수단간 연계 환승체계 강화, 철도중심의 물류네트워크 구축, 대륙연결 및 남북교통망 구축, 빠르고 편리한 대중교통 구현, 미래형 첨단 녹색교통수단 개발, 교통안전·재난대응 및 보안검색 체계 강화, 고령화 사회 및 교통약자에 대비한 교통대책 마련 등의 정책을 수립함.

표 3. 제2차 국가기간교통망계획(2001∼2020) 추진전략 및 과제[10]

| 5대 목표 | 추진전략 | 추진과제 |
|---|---|---|
| 부문 간 효율적 스톡조정을 통한 국가경쟁력 강화 | 국가교통체계의 종합조정 및 효율성 강화 | 국가기간교통망계획의 종합조정기능 강화<br>교통수단간 수송분담구조 확립 |
| | KTX중심 철도고속화 및 도로기능 효율화 | 간선철도망 고속화 및 전철화<br>간선도로망 투자효율성 제고<br>국토의 균형발전을 촉진하는 교통체계 구축 |
| | 항공·해운·물류 경쟁력 강화 | G 7 수준의 항공교통 실현<br>항만 및 해운 네트워크 구축 강화<br>비용절감형 내륙 물류체계 확립 |
| 교통연계성 강화를 위한 인터모달리즘 구현 | 교통수단간 연계환승체계 강화 | 복합환승센터 본격 추진<br>다양한 환승체계 보급<br>KTX역세권 교통연계거점 구축 |
| | 인터모달리즘 실현을 위한 물류거점 연계교통체계 구축 | 물류거점 중심의 연계교통망 구축<br>철도중심의 물류네트워크 구축 |
| 21세기 글로벌 교통·물류 강국 실현 | 육·해·공 통합연계 국제교통망 구축 | 대륙연결 및 신항로 개척<br>남북 교통망 구축<br>글로벌 항공·해운 네트워크 구축 |
| | 국제 교통·물류시장 통합대응 | 국제공항의 허브 경쟁력 강화<br>글로벌 물류네트워크 구축 강화<br>동북아 교통시장통합의 단계적 확대 |
| 저탄소 녹색성장형 교통체계 구축 | 녹색성장 교통체계 전환 | 자전거 및 보행교통 활성화<br>빠르고 편리한 대중교통 구현<br>적극적 교통수요 감축<br>녹색물류 추진 |
| | 미래형 교통기술 개발 및 구현 | 미래형 첨단 녹색교통수단 개발 및 활성화<br>지능형교통체계(ITS) 구축<br>교통 연구개발(R&D)사업 확대 |
| 선진국 수준의 교통서비스 제공 | 교통안전, 재난대응 및 보안검색 체계 강화 | 교통수단별 교통안전체계 구축<br>기간교통망 재난발생 대비 대응·복구체계 구축<br>보안검색 기능 강화 |
| | 교통서비스의 사회적 형평성 강화 | 교통 기본권 확보를 위한 교통정책 수립<br>고령화 사회 및 교통약자에 대비한 교통대책 마련 |

- 제2차 국가철도망구축계획(2011∼2020)[11]에서는 '철도망을 통한 국토의 통합·다핵·개방형 구조로 재편'이라는 비전하에 전국 주요거점을 1시간 30분대로 연결하여 하나의 도시권으로 통합하는 정책을 수립함.

표 4. 제2차 국가철도망 구축계획(2011~2020) 비전 및 중점과제[11]

| 구분 | 내용 |
|---|---|
| 비전 | 철도망을 통한 국토의 통합·다핵·개방형 구조로 재편 |
| 목표 | 전국 주요거점을 일상 통근시간대인 1시간 30분대로 연결하여 하나의 도시권으로 통합 |
| 여건변화 및 전망 | 사회·경제적 여건 변화 및 전망<br>- 기후변화 및 에너지 문제 대두<br>- 인구구조의 변화<br>- 거대도시권역 형성 가속화<br>- 정보·통신기술의 발달<br>- 생활양식의 다양화·고급화<br>- 세계화·지역 블록화의 가속화<br>교통여건 변화 및 전망<br>- 철도서비스 기대수준 향상<br>- 철도산업의 개방확대 및 경쟁심화<br>- 에너지, 환경친화적 교통수단 활성화<br>- 고령화시대에 대비한 교통기본권 확보 요구 증대<br>- 광역경제권 지원을 위한 교통체계 구축 필요성 증대<br>- 대도시권의 광역화로 광역교통문제 심화<br>- 미래지향적 철도기술 개발요구 증대 |
| 중점과제 | 전국 주요거점을 고속 KTX망으로 연결<br>- X자형 고속철도망 구축 및 ㅁ자형 네트워크 구축<br>- 일반철도 230~250km/h로 고속화<br>대도시권 30분대 광역·급행 철도망 구축<br>- 광역철도 운영체계를 급행위주로 재편<br>- 대도시 교통난 해소를 위한 광역철도망 지속확충<br>- 수도권 광역·급행철도사업추진 본격화<br>녹색 철도물류체계 구축<br>- 경부·호남선 화물중심노선으로 전환<br>- 선로용량 증대로 철도 수송능력 확충<br>- 인입철도 지속확충<br>- 고부가가치 소량화물 운송<br>- 대량수송체계 도입<br>편리한 철도 이용환경 조성<br>- 복합환승센터 본격개발<br>- 대중교통연계를 위한 교통광장 설치<br>- 고속철도역 접근을 위한 광역직행버스, 리무진버스, 셔틀버스 도입 및 확대<br>- 교통약자 이용편의 제고<br>- 역사내 자전거보관시설, 경사로 설치 |

- 제2차 철도산업발전기본계획(2011~2015)[12]에서는 빠르고 편리하며 안전한 선진철도 구현과 철도를 국민경제를 이끄는 미래성장동력 산업으로 육성하여 '세계일류철도국가로의 도약'이라는 비전을 수립하였고, 이를 위한 목표로 철도 수송분담율의 획기적 제고, 철도선진국 수준으로의 철도기술력 제고 및 해외 철도 시장 진출 확대를 수립함.

표 5. 제2차 철도산업발전 기본계획(2011~2015) 비전 및 중점과제[12]

| 구분 | 내용 |
|---|---|
| 비전 | 세계 일류철도국가로의 도약<br>- 빠르고 편리하며 안전한 선진철도 구현<br>- 국민경제를 이끄는 미래 성장동력 산업으로 육성 |
| 목표 | 철도 수송분담율의 획기적 제고<br>- 여객(인km): 15.9%('08) → 24%('15)<br>- 화물(톤km): 8.1%('08) → 15%('15)<br>세계 최고수준의 철도안전 확보<br>- 대형사고 발생건수: zero<br>- 운전사고/백만km: 0.1081건('10) → 0.100건('15)<br>- 사망자/백만km: 0.29인('10) → 0.38인('15)<br>철도선진국 수준으로 철도기술력 제고<br>- 선진국대비 기술수준 74%('09) → 95%('15)<br>- 고속철도 최고속도 향상 350km/h('09) → 430km/h('15)<br>해외 철도시장 진출 확대<br>- 철도차량시장 점유율 2%('09) → 4%('15) |
| 중점과제 | KTX 고속철도 중심의 국가철도망 구축<br>철도운영 부문의 경쟁력 제고<br>세계 최고수준의 철도안전 확보<br>철도 제조업 육성 및 기술개발 촉진<br>해외 철도시장 진출 확대<br>철도분야 핵심 전문인력 양성 |

- 제3차 국가교통기술개발계획(2014~2018)[13]에서는 "첨단교통기술을 통한 선진 교통체계 구축 및 복지사회 실현"이라는 비전과 "2018년, 선진 교통기술 강국 진입"이라는 목표 하에, 추진목표로 국가경쟁력 강화를 위한 교통기술 확보, 비용 절감형 고효율 융복합 기술개발체계 구현, 안전·신속·편리한 친환경 교통체계 확립을 설정함. 철도교통기술부문에서는 국민행복을 위한 빠르고·안전하고·경제

적인 철도개발이라는 비전 하에, 빠르고 지능적인 철도, 안전하고 편리한 철도, 정확하고 경제적인 철도의 3대 중점추진분야를 설정함.

- 2014년 국민행복을 위한 빠르고 안전하고 경제적인 철도 개발, 철도산업을 고부가 가치 창조형 신성장 동력으로 육성이라는 철도 R&D 중장기 비전 하에 4대 중점 추진분야(철도 수송력 향상, 안전·편의 향상, 건설·운영비 절감, 소재·부품·장치 고도화 기술)를 설정함[14].

- 제3차 과학기술기본계획(2013~2017)[15]에서는 과학기술 기반의 경제부흥과 국민 삶의 질 향상을 목표로, 경제를 지속성장 시키고 국민 삶의 질 향상에 기여할 수 있는 5대 분야(ICT 융합 신산업, 미래성장동력, 깨끗하고 편리한 환경, 건강장수, 안전사회)에 대한 기술개발 정책을 수립함.

표 6. '14년 국토교통 R&D 중장기 전략(철도기술연구사업)[14]

| 구분 | 내용 | |
|---|---|---|
| 국토교통R&D 추진방향 | 창조경제 실현, 국민행복 구현 | |
| 철도R&D 추진방향 | 강소기업 육성, 민생현안 해결 | |
| 철도R&D 추진전략 | 핵심목표: 철도경쟁력 향상, 국민행복 향상, 일자리 창출, 예산절감<br>철도분야 강소기업 육성:Killer item 개발부터 해외진출까지 패키지 지원<br>수요자 중심의 R&D 전환으로 공감대 형성<br>철도R&D 생태계 조성: 건설·운영기관, 관·산·학·연, 대·중소기업 | |
| 철도R&D 비전 | 국민행복을 위한 빠르고 안전하고 경제적인 철도 개발<br>철도산업을 고부가가치 창조형 신성장 동력으로 육성 | |
| 철도R&D 중점추진분야 | 철도 수송력 향상 기술<br>철도 건설·운영비 절감 기술 | 철도 안전·편의 향상 기술<br>철도 소재·부품·장치 고도화 기술 |

표 7. 제3차 과학기술기본계획(2013~2017) 비전 및 중점과제[15]

| 구분 | 내용 |
|---|---|
| 비전 | 창조적 과학기술로 여는 희망의 새시대 |
| 목표 | 과학기술기반 경제부흥과 국민 삶의 질 향상 |
| 추진분야 | 경제 지속성장 견인: ICT융합 신산업 창출, 미래성장동력 확충<br>삶의 질 향상 기여: 깨끗하고 편리한 환경 조성, 건강장수시대 구현, 걱정없는 안전사회 구축 |

## ■ 국외 철도R&D 정책동향

- 유럽연합(EU)에서는 '철도네트워크와 교통관리'라는 정책을 추진하여, 2005년부터 현재까지 신뢰성 높은 유럽 통합철도시스템 구축을 위한 관리 측면을 강조하여, 2011년 이후부터 2014년까지 철도용량 극대화, 유지보수 최적화 및 효율화·자동화, 탈선·자동경보시스템 등의 안전, 유럽철도 상호 운영성, 폐 인프라의 재활용 등의 연구정책을 수립함[16].

- 유럽철도연구자문위원회(ERRAC)에서는 효율적인 도시교통, 고속여객 서비스, door-to-door 화물서비스 제공을 통한 철도의 역할 증대라는 비전을 수립하였고, 이를 위해 7개 분야(지능형 이동수단, 에너지 및 환경, 개인 안전, 안전과 표준화, 경쟁력 기술, 전략 및 경제성, 인프라)에 대한 기술개발 로드맵을 수립함[17].

- 유럽철도연합/국제철도연맹(CER/UIC)에서는 '지속가능한 이동성(Sustainable Mobility) 지향'이라는 철도분야 전략을 수립하였고, 이를 위해 2030년 이후 기후보호, 에너지 효율성, 배출가스 감소, 소음 감소에 대한 환경정책을 수립함[18].

- 영국은 'Delivering a Sustainable Railway(2007년)'에서 2005년 철도법에 의해 2009년 4월부터 2014년 3월까지 5년 동안의 투자액을 제시한 바 있고[3,19], 이후 2014년 4월부터 2019년 3월까지 5년 동안의 철도 투자액을 제시하였음[19]. 또한, 2035년까지 HLOS(High Level Output Specification) 철도 기술발전계획을 수립하고 단계별로 추진하고 있으며[3], HLOS1 (2009년~2014년) 계획을 통해 여객·화물 수송용량 증대, 안전하고 효율적이고 탄소 저감을 통해 환경 개선이 가능한 철도 구현을 추진하였고, 현재 HLOS2(2014년~2019년) 계획을 통해 미래 철도 수요 증가에 대비하여 주요 노선의 고용량 전철화, 여정시간 감소를 통한 주요 도시로의 접근성 확대, 해운과 공항과의 연결을 추진하고 있음[20].

- 프랑스는 교통분야 연구프로그램인 PREDIT3(2007년)[21]과 PREDIT4 (2012년)[22]를 통해 지속가능한 운송, 안전 향상, 환경 보존과 함께 수송기술 개발 및 수송서비스 강화 등을 추진하고 있음.

- 독일은 연방교육부의 '이동성과 수송(Mobility and Transport)' 연구 프로그램[23]에서 지속가능성, 효율화, 안전, 고객 지향, 국제경쟁력 향상 등을 목표로 하여 지능형 교통 네트워크, 화물수송 증대 등 6가지 연구 분야를 제시하고 있고 철도 분야 적용을 위해 'Research Initiative Rail 2010'프로그램을 제시한 바 있음. 또한, '첨단기술전략(High-Tech Strategy, HTS) 2020'[24,25,26]에서 전세계 당면 이슈를 해결하는데 독일이 선두 역할을 하고, 인간의 삶과 생활수준 향상, 민간부문에서의 새로운 가치 창출, 고급 일자리 창출 등을 목표로 기후변화/에너지, 이동성 등 5대 중점 핵심기술 개발을 추진하고 있으며, 혁신 성과 확산을 위한 환경 조성 및 제도 개선에 역점을 두고 있음.

- 일본은 'Research Map 2009'에서 고속화와 수송력 증강을 위해 안전하고, 친환경적이며, 고효율 에너지형 저비용의 편리한 철도라는 철도 R&D 방향을 수립하였고, 이를 위한 4대 추진분야(안전한 철도, 친환경 철도, 고효율 에너지·저비용 철도, 편리하고 쾌적한 철도)를 정함[27,28,29].

표 8. 국외 철도R&D 정책동향

| 구분 | 철도 R&D 정책동향 |
|---|---|
| 유럽연합<br>(EU) | TEN-T(Trans-European Transport Network) 정책<br>-교통부문의 균형있는 발전과 회원국간의 통합을 위한 철도중심의 범유럽 교통네트워크 계획 수립<br>교통관리(Transport Management) 정책: 철도 네트워크와 교통 관리<br>(European Commission, 유럽위원회)<br>-신뢰성 높은 유럽 통합철도시스템 구축을 위한 관리측면 강조<br>① 통합 철도교통 관리(감독·제도적인 측면): 유럽철도운영(2005-2008), 유럽철도화물서비스(2005-2006), 철도환경성능(2009-2010), 유럽철도 용량 극대화(2011-2014)<br>② 기술적 상호운영성 개선(유지보수, 안전 측면): 통합정보시스템(2005-2008), 궤도/하부구조물의 고효율 고속 상태모니터링시스템(2004-2008), 철도 휠셋 검사시스템(2008-2011), 철도차량/궤도회로간 전자기 호환(2005-2008), 휠셋 통합 설계 및 효율 관리(2005-2007), 유지보수 최적화(2011-2014), 탈선 감소(2011-2014), 유지보수 효율화·자동화(2010-2013), 궤도 통합검사시스템(2009-2012), 철도 인프라의 스마트 유지보수(2011-2014), 선로변 작업자 자동경보시스템(2010-2012), 유럽철도 상호 운영성(2011-2014), 폐 인프라의 재활용(수명연장)(2011-2014) |
| 유럽철도연구자문위원회<br>(ERRAC) | 유럽의 ERRAC "Strategic Rail Research Agenda 2020 & Roadmap 2050<br>-비전: 효율적인 도시교통, 끊김 없고 통합된 고속여객 서비스, door-to-door 화물 서비스 제공을 통한 유럽교통시스템에서의 철도 역할 증대<br>-추진분야 |

| 구분 | 철도 R&D 정책동향 |
|---|---|
| | ① 지능형 이동수단: 유럽 회원국간 및 교통수단간 호환기술제공을 위한 고객정보시스템 지원을 위해 유럽 전역의 지능적인 인프라 요구<br>② 에너지 및 환경: 소음과 진동의 시스템적 접근과 설계를 개선시킴으로써, 화석연료 의존과 배출 가스 축소 등 환경보호를 통한 철도의 교통수단 경쟁력 강화를 위한 제도 마련<br>③ 개인 안전: 테러와 공공 시설의 파괴와 관련하여 고객과 직원의 안전 개선<br>④ 안전과 표준화(시험·인증): 개선된 안전 관리를 통한 위험을 제거하면서, 유럽의 인증 절차의 확산을 통한 제품의 빠른 승인 요구<br>⑤ 경쟁력있는 실행 기술: 차량, 유지보수 절차, 발권시스템, 인프라 등 철도 운영 전반에 대한 현대적 기술의 접목을 통한 제품의 고객 선호도 개선과 수명주기비용 절감 달성 등 철도 경쟁력 제고<br>⑥ 전략 및 경제성: 철도 서비스 종류 및 빈도 변화에 따른 운영·유지보수비의 변화를 더 쉽게 이해할 수 있는 새로운 회계 및 열차운영계획 모델 필요<br>⑦ 인프라: 교통 용량 증대, 차량·궤도 안정성 향상을 위한 고효율 유지보수 및 공동 운영이 가능한 유지보수 프리 개념의 인프라 개발 |
| 유럽철도연합<br>-<br>국제철도연맹<br>(CER-UIC) | 철도분야 2030~2050 전략(환경정책 기반)<br>-2030년 이후 철도분야 전략: 지속가능한 이동성(Sustainable Mobility) 지향<br>-목표<br>① 기후보호: 이산화탄소배출량 50% 감소(~2030년), 카본-프리(carbon-free) 열차운영(~2050년)<br>② 에너지 효율성: 에너지 소비량 30% 감소(~2030년), 50% 감소(~2050년)<br>③ 배출가스 방출 감소: 질소산화물과 입자상 물질(PM10) 배출량 40% 감소(~2030년), 배출량 0 (~2050년)<br>④ 소음 감소: 소음수준이 사회적이고 환경적으로 수용 가능한 수준(~2050년)<br>-추진전략: 그린 에너지(카본-프리 에너지원) 사용, 에너지 효율성 향상, 노선 전철화 확충 및 저탄소 추진기술 개발<br>※ 교통분야 '지속가능성' 개념: 현재 세대와 미래 세대가 동등한 기회를 가지고 환경의 질을 보존하면서도 사회경제의 발전을 이루고, 사람과 화물의 이동성과 접근성 향상을 이루는 것 |
| 영국 | HLOS(High Level Output Specification) 1 기술발전계획(CP4: 2009.4~2014.3)<br>-목표<br>① 여객·화물 수송량을 현재 대비 2배로 용량 증대<br>② 더 안전하고, 더 신뢰성 있으며, 더 효율적인 철도<br>③ 보다 다양하고, 번창하고, 인구증가를 지원할 수 있는 철도<br>④ 탄소를 줄이고, 광범위한 환경성과를 개선할 수 있는 철도<br>HLOS(High Level Output Specification) 2 기술발전계획(CP5: 2014.4~2019.3)<br>-목표<br>영국 전체 철도 수요 증가(승객 16%, 화물 23%)를 충족하도록<br>① 주요 노선의 승객·화물 노선의 고용량 전철화<br>② 주요 도시간 수송용량 증가와 여정 시간의 감소<br>③ 효과적인 노동시장의 확대와 노동자의 더 넓은 일터로의 접근이 가능하도록 주요 도시 지역으로의 통근 실현<br>④ 항구와 공항으로의 철도 연결 개선<br>*CP:Control Period |

| 구분 | 철도 R&D 정책동향 |
|---|---|
| 프랑스 | PREDIT3: 교통분야 연구프로그램(2007)<br>-목표<br>① 화물과 사람을 위한 지속가능한 운송<br>② 교통시스템의 안전 향상<br>③ 환경영향 저감 및 온실효과 감소<br>-철도관련 주제<br>① 화물수송기술: 철도생산성 제고, 혁신적 교통기술 및 시스템의 실용화, 기반기술(전동기, 제동장치), 철도차량, 차량-인프라 시스템 간의 정보화 기술<br>② 이동성 서비스: 단거리 운송, 인터모달 서비스, 도시교통 및 도시간 교통의 정보화 기술·서비스, 멀티모달 정보화<br>③ 에너지 및 환경: 깨끗하고 에너지 효율이 높은 철도차량 개발, 소음저감 및 전력효율화<br>④ 물류 및 화물운송: 경제와 물류시스템 관계<br>⑤ 안전: 철도관제 및 제어시스템, 규제시스템, 노선 최적화시스템 개발<br>⑥ 이동성 및 지속가능한 발전: 이동성 결정요인, 교통경제학<br><br>PREDIT4: 교통분야 연구프로그램(2012)<br>-목표<br>① 수송 기술 개발 강화<br>② 수송 관련 서비스 강화<br>③ 공공 정책을 위한 지식과 도구 강화<br>-철도관련 주제<br>① 에너지 및 환경: 추진 기술, 온실효과와 영향 평가 연구<br>② 수송 품질 및 안전: 철도 안전, 교통관리, 인간 공학, 편의성, 접근성 연구<br>③ 도시내 이동성: 새로운 교통시스템 및 서비스 연구<br>④ 물류 및 화물운송: 서비스 품질, 추적, 인프라 최적화, 복합수송 효과, 항공 및 해상 운송과의 인터페이스 추진으로 비(非) 도로 화물 운송에 대한 연구<br>⑤ 수송산업의 경쟁력: 운송 산업의 효율성 제고를 위한 고안 도구 및 프로세스, ICT통합 등 연구<br>⑥ 수송 정책: 규제 목적, 방법 및 도구(자금 조달 및 관세) 연구 |
| 독일<br><br>독일 | 이동성과 수송(Mobility and Transport): 독일연방 교육부의 연구프로그램<br>-목표<br>① 지속가능성<br>② 효율화, 안전, 고객 지향<br>③ 교통분야 국제경쟁력 향상<br>-연구분야<br>① 지능형교통 네트워크<br>② 철도 및 수로를 통한 화물수송 증대<br>③ 빠르고, 안락하며, 환경 친화적인 철도와 버스 서비스<br>④ 지속가능형 교통시스템을 위한 건강, 환경, 자원 보호<br>⑤ 안전과 보안<br>⑥ 이동성 |

| 구분 | 철도 R&D 정책동향 |
| --- | --- |
| | Research Initiative Rail 2010: '이동성과 교통'프로그램의 철도분야 적용 프로그램<br>-주제: 철도전략, 철도 운영사를 위한 조직 모델, 명령 및 제어 기술, 인프라, 철도차량기술 및 플랫폼 개념설계, 서비스 지향적인 혁신, 교육 및 연수분야 혁신<br><br>Hightech Strategy(HTS) 2020<br>-목표: 글로벌 당면과제 해결의 선두, 인간의 삶과 생활수준 향상, 민간 부문에서 새로운 가치 창출, 높은 수준의 일자리 창출 등<br>-5대 중점 핵심기술 개발 및 혁신 성과 확산을 위한 환경 조성 및 제도 개선<br>① 기후변화/에너지: 전 지구적 기후변화 저감 및 적응 기술<br>② 보건/영양공급: 고령화 사회의 보건 정책, 전염성 질환에 따른 신약 기술<br>③ 이동성: 이동성 관련 새로운 IT 기술, 모바일 기기를 활용한 교통정보 제공, 교통소음 저감 등<br>④ 보안: 테러 혹은 천재지변으로부터 국민건강 및 재산 보호 관련 기술<br>⑤ 정보통신: 미래지향적 인터넷 기술, 글로벌 표준화, 임베디드 시스템 |
| 일본<br>(RTRI) | 철도총합기술연구소(RTRI), 철도기술개발방향(Research Map 2009)<br>-추진방향: 고속화와 수송력 증강을 위해 안전하고, 친환경적이며, 고효율 에너지형 저비용의 편리한 철도 개발<br>-추진분야<br>① 안전한 철도: 신뢰성 높은 철도<br>② 친환경 철도: 차량 제작부터 폐기까지 전과정 환경성 평가를 통한 자원 리사이클<br>③ 고효율 에너지형 저비용 철도: 모달 시프트를 위한 에너지 절감형 신시스템<br>④ 편리하고 쾌적한 철도: 무가선, 소음·진동 저감, 승·하차 편리한 철도 |

※ 미국 NASA 항공R&D 전략적 비전: 미국 NASA에서 세계적인 동향을 분석하여 추출한 거대 추진동인(Mega-Drivers)을 보면, 항공운송 부문이 2050년까지 획기적으로 확대될 것으로 예상하였고 세계 기후변화에 대비하여 지속가능성과 저탄소 에너지로의 전환을 모색해야 할 것으로 판단하였으며, 스마트 소재, 첨삭가공(additive manufacturing), 로봇 및 자동화, 마이크로 장착 및 나노센서들의 혁신적인 기술 등과의 기술 융합을 통해 향후 20~40년 동안 무인항공기 시스템 등 항공산업이 크게 변화할 것으로 전망함. 이를 위해, 2013년 미국 NASA에서 아래와 같은 항공R&D의 전략적 비전을 발표함[30].

① 글로벌 운영에 있어서의 안전하고 효율적인 성장: 항공기의 출발 실수 및 지연을 감소시킴으로써 2035년까지 전반적인 항공 운송의 효율성을 증진시켜, 항공운송시스템을 활성화하고 글로벌 항공시스템의 용량을 확장
② 상업용 초음속 항공기: 초음속 폭음 파형과 인지 및 반응 연구를 통해 지상 초음속 비행 실현
③ 고효율 상업용 운송: 세계적인 기후변화에 대비하여, 연료사용, 소음 및 배출물을 동시에 획기적으로 줄일 수 있는 지속가능한 항공 운송 실현
④ 저탄소 추진방식으로의 전환: 저탄소 연료 및 대체 추진시스템을 통해 항공기의 환경 영향 감소 추진
⑤ 실시간 시스템 전체의 안전 보장: 실시간으로 문제를 진단, 탐지하고 예측하며 예방하는 통합 안전 모니터링 및 보증시스템의 구축으로 보다 안전한 지능적인 항공시스템 구축
⑥ 항공산업의 변환을 위한 자율성 보장: 훨씬 더 상세한 위치정보, 속도 및 고도 정보 제공이 가능한 항공시스템을 통해 보다 높은 수준의 자동화 및 자율적인 비행 보장으로 더 빠른 글로벌 이동성과 수요응답(on-demand)식으로의 항공산업의 변환

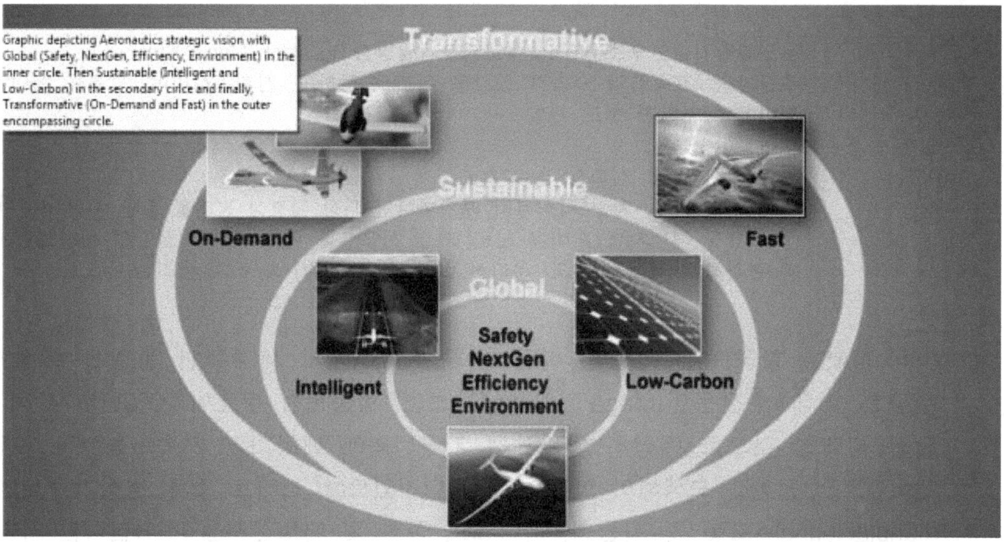


그림 38. 미국 NASA 항공연구국(ARMD)의 연구도전 방향

[출처: Aeronautics Research Strategic Vision, NASA, 2013]

# 제4절 국내·외 철도R&D 기술동향 분석

■ **국내외 철도R&D 정책에서 가장 중요시하고 있는 안전 및 환경 분야와 철도차량, 궤도·토목, 신호·통신, 전기·전력의 철도시스템 분야별로 총 9개 분야에 걸쳐 철도R&D 기술동향을 고찰하였고, 이를 통해 현재 철도분야별 기술개발 현황을 분석하여 미래 철도기술 발전 로드맵 수립 시 고려함.**

## ■ 안전·인증 분야

- (철도 안전관리 및 표준) 1993년 유럽연합(EU) 출범 이후, 철도의 안전, 국가 간 상호운영, 철도차량과 하부시스템의 상호 승인(cross acceptance), 상호 운영을 위한 유럽형 열차운영관리시스템(European Rail Traffic Management System, ERTMS) 등이 주요 관심사로 대두되었고, 2004년에 유럽철도청(European Railway Agency: ERA)이 EU 역내 철도 안전성 향상과 철도수송 서비스로의 접근성(access) 개선을 목적으로 유럽철도안전지침(2004/49/EC, Railway Safety Directive)을 제정하는 등 철도안전관리체계 구축을 추진함[31,32].
  - 유럽철도청, ERA[33]를 중심으로 유럽철도안전지침의 각 조항을 실현·달성하기 위하여 기한을 정해 철도의 안전관리를 확립하기 위한 각종 활동이 이루어지고 있는데, ERA에서의 철도 안전관리 활동으로서 안전관리시스템(Safety Management Systems: SMSs)*을 구축토록 하고 공통 안전 목표(Common Safety Targets: CSTs)*, 공통 안전(평가)방법(Common Safety Methods: CSMs)*과 공통 안전지표(Common Safety Indicators: CSIs)*를 개발·도입하여 리스크 관리에 의한 안전 확보를 추진하고 있음.

* SMSs: 유럽 국가별 안전관리 당국의 인가(Safety Certification and Authorization)와 관련된 안전관리시스템으로서, 철도운영 사업자와 시설 관리자는 안전관리시스템을 수립하여 해당 철도시스템이 CST를 달성할 수 있고 국가 안전규정을 준수하며 TSI 안전요건 준수를 보장해야 하고, CSM의 관련 부분을 적용하고 있음을 보장토록 하고 있음.

* CSTs: 기존의 목표와 안전성능을 기반으로 해야 하며, 현재 철도시스템의 안전성능보다 낮아지지 않도록 해야하는 것으로 규정.

* CSMs: 철도의 수송과 설비에 대해 기술적으로 안전목표의 달성과 안전요건의 준수를 평가하기 위한 기법으로서, 위험도 평가(risk assessment)와 평가방법, 안전인증과 요건의 준수여부 평가방법, 철도 세부시스템이 관련 핵심요건에 따라 운영·유지되고 있음을 점검하는 방법을 규정.

* CSIs: 공통안전목표 달성에 대한 평가를 촉진하고 점검하기 위하여 수집해야 하는 공통안전지표.

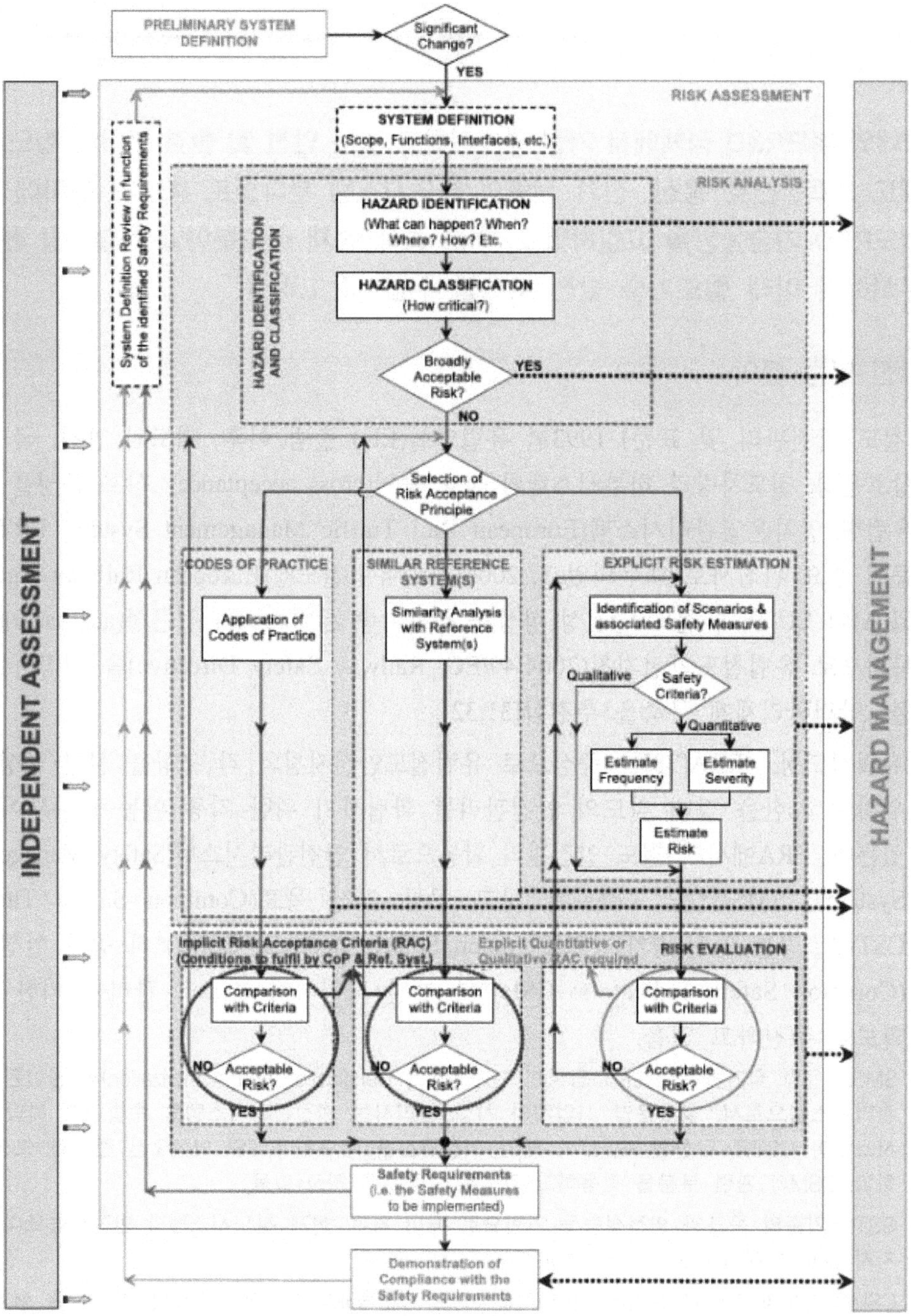


그림 39. CSMs의 리스크 관리 절차 및 평가

[출처:Common Safety Method(CSM) on risk evaluation and assessment, ERA, 2009]

- 유럽연합(EU)에서 유럽 각국의 상이한 철도노선 상에서의 기술 운영성 및 상호 호환성 확보를 위한 기술규격서(TSI: Technical Standard for Interoperability)를 강제적인 법령 형태로 규정하고, 유럽표준화위원회(CEN, European Committee for Standardization), 유럽전기표준화위원회(CENELEC, European Committee for Electrotechnical Standardization), 유럽전기통신표준화기구(ETSI, European Telecommunication Standards Institute))에서 개별 철도용품/시스템의 TSI의 적합성 여부에 대한 검증을 주목적으로 성능중심 규격인 범유럽 통합규격(EN, Europa Norm)을 제정·권고함.
- 이에, 유럽 각국에서는 철도기반시설 사용을 승인받기 위해 유럽철도안전지침에서 제시하는 대로 철도운영 사업자가 자신의 안전관리시스템을 수립했고 TSI(Technical Specification for Interoperability)와 기타 유럽연합 관계 법령 및 국가 안전기준에 명시된 요건을 만족한다는 것을 입증하는 안전 인증을 받도록 하고 있으며, 시설 관리자는 철도기반 시설의 관리·운영을 허가받기 위하여 안전관리시스템의 승인과 시설물의 안전 설계, 유지보수 및 운영에 필요한 특별 요건을 만족하기 위한 대책의 승인을 확인하는 안전 공인을 받도록 하고 있음.
- 영국에서는 EU의 철도안전지침(Railway Safety Directive)을 근간으로 하여 2006년 10월에 철도안전법규(Railways and Other Guided Transport: ROGS)를 제정하여 철도운영기관에게 안전인증(Certificate)과 면허허가(Authorization) 취득의 의무를 부여함[34].

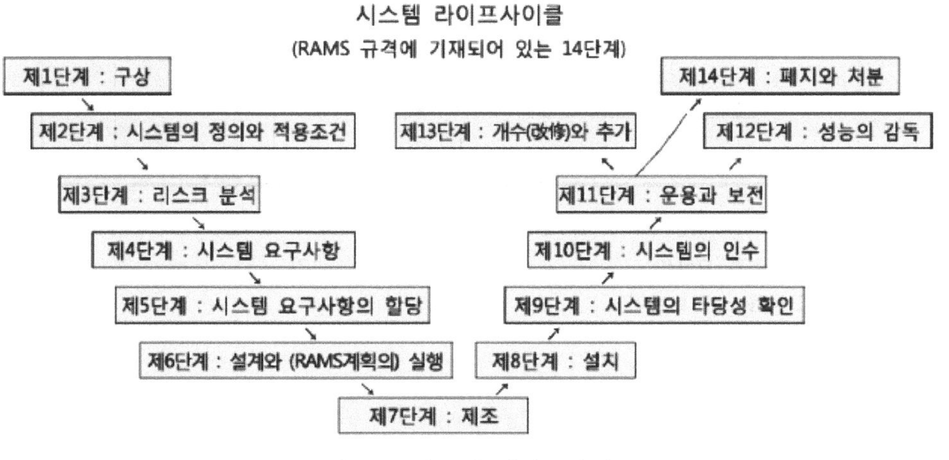


그림 40. 시스템 라이프사이클

[출처:유럽 철도청(ERA)의 안전관리 및 철도안전 관련 국제규격,한국철도학회 철도저널,2014]

- 유럽 철도선진국은 철도시스템 품질과 안전의 확보를 목적으로 철도안전 4대 표준을 1999년부터 유럽 내 표준(EN)으로 제정하고 2002년부터 국제표준(IEC)화 하여 유럽뿐 아니라 전 세계 주요 철도사업의 필수요구사항으로 적용, 특히 IEC 62278(철도적용 RAMS)은 계획부터 폐기까지의 전수명주기 관리 개념을 도입하여 수명주기 각 단계별 요구사항에 대한 확인 및 검증을 수행토록 하고 있음[35]. 또한, 안전필수 장치 또는 시스템에 대해서는 제3자 검증을 요구하여 선진국 철도시장 보호를 위한 기술장벽으로 활용함.

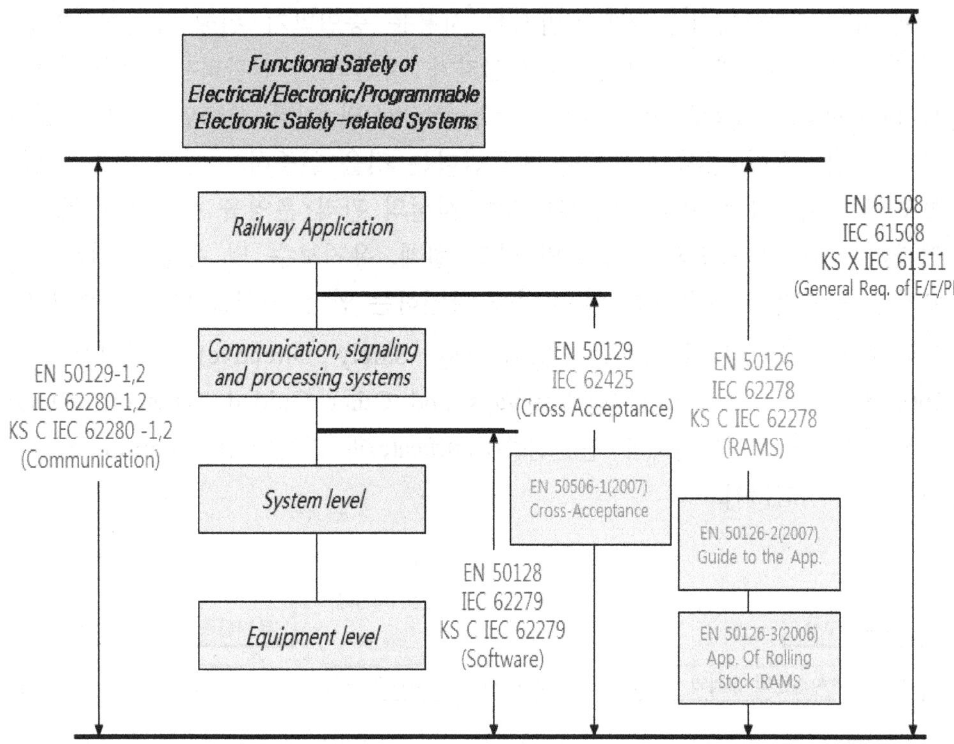


[철도안전 4대 표준]
IEC 62278 : 철도시스템 RAMS
IEC 62279 : 철도적용 소프트웨어
IEC 62280 : 철도적용 통신
IEC 62425 : 철도적용 제어시스템
* 각 표준은 2004년 국내 부합화

- ERA에서는 재래철도의 상호 운용성 기술 규격과 기관사 인정 기준을 제정·관리하고 있고, ERTMS(European Rail Traffic Management System) 규격의 변경·관리를 수행하고 있음.
- 한편, 호주에서는 철도안전관리(Railway Safety Management)에 관한 국가표준이나 규정을 제정하여 철도회사 소유기관 혹은 운영기관이 적절한 안전관리시스템(Safety Management System: SMS)을 운영하고 있어 해당 시스템을 운영할 능력과 시설이 된다는 것을 철도안전감독관이 만족할 만큼 입증하도록 하는 철도 안전인증(Certificate) 제도를 실시함[34].
- 일본에서는 2001년 6월 '철도에 관한 기술상의 기준을 정하는 성령'을 제정하여 철도시설 및 차량의 구조, 운전취급 등을 정한 기술기준을 성능 규정으로 개정하여 철도의 안전성 확보, 새로운 기술개발 성과 등의 도입 촉진 및 철도수송서비스의 향상을 도모하고 있음[34].

- (독립안전평가와 안전인증제도) 해외 사업의 경우 철도안전 4대 표준을 바탕으로 제3자 검사에 의한 안전인증 취득이 일반화 되어 있으며, 검사기관은 4대 표준에 대한 ISO/IEC 17020(검사기관의 일반요건) 및 ISO/IEC 17065(제품인증기관의 일반요건)에 따라 국가별로 인정받은 기관이 수행, 인증결과는 IAF(국제인정포럼) 협정에 따라 회원국에서 상호수용하고 있음.
  * 안전인증제도를 적용한 해외 대표적 사업 : 태국 고속철도건설, 리아드 및 카타르 도시철도건설사업
  * 철도안전 4대 표준관련 검사기관 예 : (영국)리카르도레일, (독일)TUV, (스위스)SGS

- (철도 형식승인* 제도) 유럽에서는 국가간 공동으로 철도차량 운행이 허용되도록 국가간 상호승인을 촉구하고 있는데, 현재 철도차량 승인 관련 기관은 국가마다 형태가 달라 서로 다른 업무와 책임을 가지고 있음[32]. 한편, 국내에서도 2014년 3월 국토교통부에서 철도차량/용품에 대한 설계 및 품질을 확보하고, 제작사 책임을 강화하고자, 철도차량/용품 형식시험, 제작자 승인, 완성검사의 형식승인제도 도입을 골자로 철도안전법을 개정한 바 있음.
  * 형식승인(形式承認): 국가가 제조자의 제품 형식에 대하여 일정한 규격을 만족하는 생산이 될 수 있도록 보증하는 것으로서, 시험은 대표되는 한 대의 피시험체(被試驗體)에 대하여 정밀하게 실시된다. 형식승인의 방법에는 두 종류가 있으며, 실물을 측정하는 시험과 신청자가 측정한 결과를 확인하는 것이 있음(출처: 철도관련큰사전, 2007.4.20, 도서출판 골든벨).

표 9. 유럽 국가별 철도차량 승인 관련기관

[출처: 유럽의 철도 상호 운영 및 철도 차량 승인", 한국철도학회 철도저널, 2010]

| 구분 | 안전권한당국 | 철도시설관리기관 | 안전인증기관 | 시설인증기관 |
|---|---|---|---|---|
| 프랑스 | EPSF | RFF | Oranisme *Sécurité* Technique *Indépendant* (OSTIs) | RFF |
| 벨기에 | DVIS | Infrabel | BelgoRail | |
| 독일 | EBA | DB/Netz | Different verification organizations /persons | |
| 영국 | Office of Rail Regulator | Network Rail | Different verification organizations (including Notified Bodies) | |
| 이탈리아 | CESIFER (RFI 부분) | RFI | Different verification organizations (including Notified Bodies) | |
| 네덜란드 | IVW | ProRail | Different verification organizations (including Notified Bodies) | |

- 네덜란드, 프랑스 등 유럽에서는 철도차량의 승인절차로 특정 형식의 첫 번째 차량에 대한 형식승인 절차와 추가 양산 차량에 대한 승인 절차로 구분하여 수행되는데, 첫 번째 형식승인 차량에 대해서는 승인기관에서 적합성을 확인하는 요구조건과 방법을 결정하고, 제작사에서는 결정된 요구조건과 방법으로 적합성을 학인하며, 확인된 적합성을 승인기관에서 인증한 후, 차량과 시설물과의 적합성을 검토한 후 최종 철도차량 형식 승인이 이루어지며, 양산차량은 승인기관에서 제작사의 생산공정 및 품질시스템을 평가하여 차량별 승인된 형식과 적합한 생산을 확인한 후 적합성 인증서(Certificate of Conformity) 발행에 의해 이루어짐[32].
- 국내에서는 일반·고속철도의 경우 철도안전법 하위 '철도차량 성능시험 시행지침'과 '철도용품 품질인증 시행지침'에 의거하여, 도시철도의 경우 도시철도법 하위 표준화기준 즉, '표준규격', '안전기준', '품질인증요령', '성능시험기준'에 의거하여 각각 철도차량/용품 인증을 수행해 왔으나,
- 철도안전법 개정('14.3.19) 이후, 철도안전법과 도시철도법으로 이원화되어 수행해온 성능시험, 품질인증이 형식승인제도로 일원화됨에 따라, 이에 맞추어 제도 정비를 위한 형식승인체계 연구와 함께 지금까지 준용되어 온 국내규격(KS, KRS, KRCS, KRT 등)이 국제규격(EN, IEC, ISO 등)을 포괄할 수 있도록 새로운 국가시험규격 재정립을 위한 연구가 필요함[36].

- (위험도기반 안전관리기술) 위험도기반 안전관리기술은 장치고장, 인적오류, 천재지변 등의 사고발생 원인을 세분화 하고, 각각의 발생빈도와 심각도를 정량적 수치로 수집, 분석, 활용하는 기술로서, 영국 ALARP(As Low As Reasonably Practicable), 독일 MEN(Minimum Endogenous Mortality), 프랑스 GAMAB (Globalement Au Moins Aussi Bon) 등 철도선진국의 안전관리 기본철학임[EN 50126-2].
  - 정량적 위험도관리를 위해서는 방대한 정보의 수집, 일관된 기준의 분석을 위해 활용목적과 분석방향을 고려한 설계를 통해 효과적 자료수집 양식과 방법에 대한 연구가 요구됨.
  - 또한, 분석된 위험원별 위험도의 허용수준을 설정하고, 노후화 등 위험도 성장 추이의 지속적 분석(성장속도 등)을 통해 사고예방의 우선순위가 평가되고, 예산 투입 전 투자대비 안전 향상 정도를 수치로 추정 가능함[ALARP].

- (철도 예방보수 기술) 앞서 궤도 분야에서 기술한 바와 같이, 유럽에서는 철도차량 및 철도시설의 유지보수방식을 종래의 시간 기반의 사후 보수방식(Time-based Maintenance, TBM)에서 상태 기반의 예방 보수방식(Condition-based Maintenance, CBM)*으로 전환하고 있으며, 최근 철도차량의 차륜과 차축 베어링, 선로, 토목 구조물, 전기·전력설비 등 철도차량 및 시설물의 모니터링을 통해 파손·고장을 미리 검지하여 사고를 예방하는 예방보수 기술에 대한 연구개발이 활발히 진행 중인.

  * 상태 기반의(Condition-based) 예방 보수방식: 고빈도의 상태 측정, 상태 데이터에 의거한 현장에서의 의사결정으로부터 보수작업을 평가하는 업무 사이클의 구축, 현장에서의 의사결정 등을 지원하는 컴퓨터 시스템 구축을 주요 골격으로 하며, 개개의 상태 데이터로부터 장래의 상태를 예측하여 예산 등의 제약 중에 스스로 있어야 할 레벨을 설정하면서 최적의 상태를 만들어내기 위한 최적의 계획을 책정하고 보수작업의 효과를 정확하게 평가할 수 있는 보수 방식[37].

  - 영국, 프랑스, 독일 등 유럽에서는 선로보수에 있어 상태기반의 예방보수로 보수방식을 전환하여 시행 중인데, 영국의 Network Rail사에서 영업열차에 가속도계를 설치하여 궤도변위를 측정하는 UGMS(Unattended Geometry Measurement System)를 적용하고 있으며, 이를 통해 측정된 궤도 상태 데이터를 기반으로 제약된 예산상에서 목표한 선로상태 레벨을 유지하기 위한 합리적인 유지보수 의사를 결정할 수 있는 독자적인 의사결정시스템을 구축·운영 중에 있음[37].

- 영국의 METRONET Rail사에서는 효율적인 차륜 유지보수와 모니터링을 위해 스페인 Talgo사의 차륜 모니터링 시스템을 사용하고 있는데, 5mm 깊이까지 차륜의 결함을 판별할 수 있는 기술임[38,39].
- 호주의 ARTC사는 차축베어링에서 발생하는 음파 데이터를 취득·분석하여 차축 베어링의 발열 및 고착 등 이상상태를 지속적으로 추적관리하고 예방보수하기 위하여 RailBAM 모니터링 시스템을 선로변에 설치하여 운용 중임[38].
- 네덜란드의 NedTrain사는 차륜의 이상 마모 등이 발생할 시 이를 신속히 감지하여 적절한 유지보수가 수행되도록 하기 위하여 차륜 관리시스템인 GOTCHA 시스템을 개발하여 운용 중임[38].
- 홍콩의 Tsing MA 철도교의 처짐과 횡방향 변위 등의 측정을 통한 건전성 모니터링을 위하여 GPS센서 기술이 적용된 바 있으며, 보다 높은 정밀도 구현에 노력 중임[39].
- 스위스의 ABB사에서 개발한 REO517 터미널 기술은 전차선, 조가선 및 전력 설비의 보호와 함께 모니터링 기능을 포함하고 있음[39].
- 국내에서는 GIS(Geographic Information System)를 이용하여 고속철도 차량 운행 시 이상 징후가 발생하는 위치를 정확히 파악하여 선로구축물의 파손을 미리 검지하고, 고압 활성상태의 전차선로를 실시간으로 모니터링하여 결함을 감지하여 사고를 예방하는 기술을 개발한 바 있음[39].
- 한편, 국내외에서 GPR, 음파 응용기술, 전자기파 응용기술, 적외선 열화상 기술, 와전류 응용 기술 등 여러 가지 비파괴 탐상·검사기술*을 개발하고 이를 활용하여 철도 차량 및 시설물의 손상·파괴로 인한 사고 예방을 위해 예방보수시 활용하고자 하는 연구활동이 활발히 이루어지고 있는데, 특히 적외선 열화상 기술을 이용하여 제동디스크 등 차량 하부 주요장치 및 차량 내부 전기·기계 장치의 검사와 선로 이상고온, 선로변 전력선, 신호선, 그리고 터널구간의 시설물 검사에 적용하고 있고 신뢰성과 효율성을 높이는 연구가 추진 중에 있음.

* 비파괴 탐상·검사 기술: 대상 재료나 제품을 파괴하지 않고 원형과 기능에 전혀 변화가 없는 상태로 대상의 설질, 상태, 내부구조 등을 알아낼 수 있는 검사 방법[40]

- 국내외에서 교량, 터널, 레일 등 철도시설물의 광섬유센서를 이용한 변형률 측정을 통해 균열 검지 등 구조물의 건전성을 감시하는 광섬유 센서 기술을 개발하여 적용하고 있음.

- (철도시설물 안전 기술) 국내외에서 철도터널에서 화재 발생 등 터널 내 비상상황 발생시 응급조치 등 대응매뉴얼과 방재시설 설치를 규정하고 있으며, 방재·안전설비 관련한 화재안전관리 기술 개발이 진행 중임.
  - 미국에서는 철도 터널 등 구조물 건설시 원천적으로 구조물을 보호할 수 있는 사고예방 기능과 구조물의 안전작동 기능을 유지할 수 있는 제도적 가이드라인을 마련 중이고, 이러한 사고예방 및 사고처리 매뉴얼을 기반으로 단계적인 구조 및 대피와 아울러 피해를 최소화할 수 있는 신속한 응급조치 등의 실행방안을 마련 중이며, 철도 터널에서 발생할 수 있는 모든 경우를 도출하고 이에 대한 적절한 조치를 취할 수 있는 지능적인 통합 운영방식 구축을 추진 중에 있음[41].
  - 세계 각국에서는 터널 건설시 화재에 대비한 다양한 방재시설의 설치를 규정하고 있고, 국내에서도 철도안전법에서 1km 이상의 터널에 대한 방재설비 설치를 규정하고 있음. 철도터널 마다 비상조명, 대피통로, 방연문, 소화설비, 제연설비, 구조설비 등 모든 방재설비를 설치하는 것은 비경제적일 수도 있어, 국내에서 분석대상의 위험요인 분석, 사고 시나리오 구성 및 위험도 평가 수행과 목표 수준에 대한 충족여부를 판단하는 과정으로 정량적인 위험도 분석을 통해 5가지 주요 방재시설의 설치 여부 등을 결정하는 안전성 분석기법을 개발하였고, 화재의 위치와 연기의 전파양상을 실시간 모니터링하면서 최적화된 배연운전이 가능한 지능형 배연시스템 등 철도터널 화재안전관리 기술을 개발함[42].

- (철도건널목 안전 기술) 국내외에서 철도 건널목 등의 안전 확보를 위해 최신의 첨단 센서 및 무선통신 기술을 이용하여 열차 기관사 및 자동차 운전자에게의 정보 제공 등 철도건널목 안전관련 기술개발이 추진 중임.
  - 영국에서는 철도건널목의 안전을 위하여, GPS 기반의 열차 검지시스템과 레일에 부착된 진동센서를 이용하여 열차 이동을 추적하는 모바일 검지기술과 열차 접근에 대한 구두 경보를 알리는 새로운 가청 경보기술 적용을 추진 중에 있으며, 신호 무시한 자동차 주행의 방지를 위하여 번호판 인식 카메라 기술을 적용 중에 있음[43].
  - EU의 유럽항공우주국에서는 원격 위성통신, 관측 및 내비게이션과 같은 우주 기술을 지상파 기술과 결합하여 철도건널목 안전을 증진시키기 위한 통합 애플리케이션 프로모션 프로그램의 일부인 SafeRail 프로젝트를 추진하여 통합 위성과 지상 기반 기술을 사용, 철도 건널목 안전 향상을 연구 중에 있음[43].

- 호주에서는 ITS(ITS for Safer Level Crossing)프로젝트를 통해 철도건널목 근처에서의 도로 차량 운전자의 운전 성능, 심리적 부하, 사용자 수용도 그리고 차량 흐름에의 영향 등 새로운 지능형 교통시스템에 대한 도로 차량 운전자의 반응에 대한 조사를 통해 철도건널목 안전을 증진시키는 기술을 개발 중에 있음[43].
- 일본은 IHI사에서 3D 레이저 레이더 센서를 이용하여 철도건널목 전 구간의 장애물을 검지할 수 있는 장치를 개발하여, 2006년부터 동일본철도 노선에 설치하여 운영 중에 있음[44].
- 국내에서도 2010년 철도건널목 지능화시스템을 개발하여 시범 구축한 바 있는데, 건널목과 열차간 양방향 무선링크를 구성하여 열차에서 건널목으로는 열차 진행 방향, 열차속도 및 위치 등의 열차정보를 전송할 뿐만 아니라 건널목에서 열차로 건널목 지장물(건널목 차단기 내 자동차 및 보행자)에 대한 경고 메시지 및 영상 정보를 전송함으로써, 기관사의 차내 모니터링과 함께 열차 제동장치와의 연계를 통해 비상시 열차를 자동으로 정지시킬 수 있는 기술임[45].

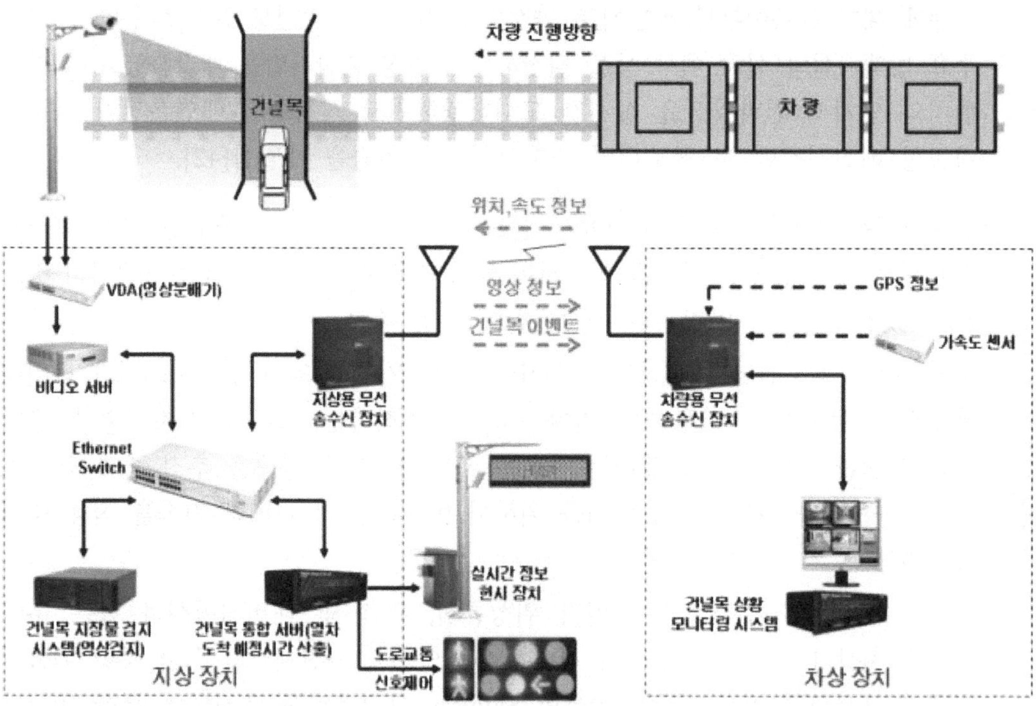


그림 41. 철도건널목 지능화 시스템

[출처:철도건널목 지장물 영상검지시스템 시범구축, 대한전기학회, 2010]

## ■ 환경분야

- (전과정 환경영향성 평가 기술) 일반적으로 '환경 부하'란 자원 소모 및 수질오염물, 대기 오염물, 폐기물 등 환경오염물 배출을 의미하며, 어떤 제품의 설계·제작, 사용, 폐기 전과정 동안 환경 부하가 발생하게 됨. 이러한 제품의 전과정 동안에 제품으로부터 야기되는 환경 부하를 계산하고 환경에 미치는 영향을 평가하는 것이 '전과정 평가(LCA, Life Cycle Assessment)'인데, ISO 14044(2006, Environmental management-Life cycle assessment -Requirements and guidelines) 국제표준을 제정하여 여러 사용자가 일관성 있게 평가가 이루어지도록 하고 있음[46].
  - EU의 UIC(International Union of Railway)에서는 철도차량 친환경 설계를 위한 Code 345를 유럽 철도차량 입찰시 환경기준으로 제안하고 사용을 권고하고 있고,
  - EU의 철도차량 제작업체에서도 차량에 대한 전과정평가를 통해 친환경설계 기법을 적용하고 주요 환경성 지표를 개발하여 정량적인 환경성 정보를 자가 환경성적표지(self-EPD, self-Environment Product Declaration) 제도를 이용하여 자발적으로 제공하고 있을 뿐만 아니라, 운영기관에서도 차량구매시 환경성적 및 환경성 평가보고서 제출을 의무화하고 있음.
  - 국내에서도, 전동차에 대해 주요 부품의 제작, 운행, 폐기의 전과정에 걸쳐 환경 부하를 정량적으로 평가할 수 있는 시스템의 기반 연구를 통하여, 전동차의 특성을 고려한 환경효율성 지표를 개발하고, 전동차 설계단계부터 환경성을 고려할 수 있도록 친환경설계 가이드라인을 제시한 바 있음[46].

- (친환경 철도 재료) 국내외에서 환경부하를 최소화하기 위해 철도차량 소재와 철도 인프라 재료를 환경 친화적인 소재·재료로 대체하기 위한 기술 개발이 활발히 진행 중에 있음.
  - 국내 궤도·토목분야에서도 베이나이트(bainite) 레일과 비닐론섬유 보강 콘크리트 개발 등 환경 부하를 저감시킬 수 있는 재료를 활용한 궤도구성품과 고로슬래그 등 산업부산물을 활용하여 시멘트를 치환한 저탄소 친환경 콘크리트 재료 등의 개발이 진행되어 오고 있음[47].

- (하이브리드*·바이모달** 추진 기술) 국제환경협약인 기후변화협약에 따라 세계적으로 화석연료의 소비를 감소시키고 온실가스 배출 억제가 주요 관심사가 된

가운데, 국내외에서 연료전지 등을 이용한 하이브리드 추진시스템에 대한 기술 개발이 활발히 진행 중임.

* 하이브리드 추진 기술: 철도 가감속시 필요한 소요전력의 일부는 주 에너지원으로부터, 나머지 일부는 부 에너지원으로부터 동시 협조 동작하는 추진 기술.
* 바이모달 추진 기술: 하이브리드 추진 기술과는 달리, 철도 가감속시 주 에너지원과 부에너지원이 동시 협조 동작하지 않고 별개의 이중 에너지원이 독립적으로 동작하는 듀얼 모드 추진 기술.

- 일본은 1회 충전으로 30km 배터리 주행이 가능하고, 제동시 회생전력으로 가속시 소모전력의 70%를 사용 가능하며 직류 1,500V와 600V 복전압 간선에도 적용 가능한 가선-배터리 하이브리드 열차인 Hi-tram과 디젤-배터리 복합열차인 JR히가시니온 기하E200형 열차, 그리고 연료전지 하이브리드 차량인 NE트레인 등 다양한 하이브리드 열차 개발이 진행 중이며, 이를 통해 고분자 전해질 연료전지(Polymer Electrolyte Fuel Cell, PEFC)의 고체고분자막, 전극촉매, 접합체, 가습 기술 등의 연료전지 기술을 보유하고 있음[48, 49].
- 미국과 유럽에서는 하이브리드 추진시스템을 적용한 철도시스템 개발이 진행 중이며, 특히 DITADIS사에는 가선 하이브리드 방식 트램을, Alstom사에서는 연료전지 탑재 저상트램을 개발하여 스택, 운전제어, 가스공급배출 등의 하이브리드 시스템 관련 기술을 보유하고 있음[48].
- 한국에서는 2003년 바이모달 트램 개발사업을 착수하여, 지상 전용궤도에 설치된 자석에 의해 자기유도로 자동 조향·운전되고, 자석이 설치되지 않은 곳에는 버스

그림 42. 세종시에 시범운행한 바이모달 트램[2012년]

[출처: 한국철도기술연구원]

처럼 운행되는 압축천연가스(CNG) 하이브리드 굴절버스를 개발하였고, 2005년에 이 분야 원천기술을 보유한 네덜란드 APTS(Advanced Public Transport Systems)와 라이센스 및 기술이전 계약을 추진함.

- 또한, 2009년 무가선 저상트램 기술개발사업을 추진하여 1회 충전으로 25km 주행이 가능한 배터리 방식의 무가선 트램을 개발하였으며, 2013년부터 최고속도 70km/h, 누적주행거리 60,000km를 목표로, 1회 충전으로 34km 이상 주행이 가능한 리튬이온 2차 전지와 배터리 팩, 급속시공용 매립형 궤도, 매립형 분기기, 도로교통연계 신호시스템 기술 등을 확보하기 위한 연구가 추진 중에 있음.

그림 43. 무가선 트램
[출처:한국철도기술연구원]

- (철도차량용 무선 전력전송 기술) 독일과 한국에서는 지상의 궤도를 따라 설치된 전력변환장치 등 무선급전장치를 통해 전력을 자기장으로 변환해 열차에 전기 에너지를 공급하는 즉, 물리적인 접촉 없이 대용량의 전원을 공급하는 무선 전력 전송 기술 개발이 진행 중에 있음.
  - 봄바르디어사가 Primove 무선급전 경전철을 개발하여 2010년 독일 Augsburg 시험선에 총 연장 800m, 3개 선로를 구축하고 무선급전시스템을 설치·운영 중에 있는데, 20kHz, 200kW급 용량으로 최고속도 50km/h까지 운행 가능한 기술임[50].
  - 독일에서는 2035년 운영속도 400km/h 고속철도 개발에 무선급전 전력공급 방식을 적용할 계획으로 연구가 활발히 진행 중임.
  - 한국에서도 2013년 대용량 고주파 60kHz, 180kW급 무선급전기술을 개발하여 무가선 트램에 적용한 바 있고, 2014년 세계 최초로 1MW급 무선급전기술을 개발하여 고속철도에 실시간 무선으로 전력공급 시연한 바 있으며, 무선급전 효율이 87.2% 정도의 기술을 보유함.

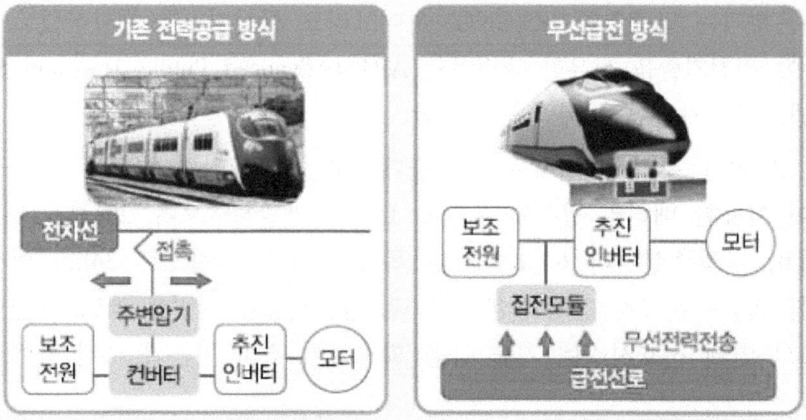


그림 44. 기존 유선(가선) 급전 대비 무선급전 운용 개념도

[출처: 철도연]

(a) Primove 주행 모습 (b) Augsburg에 설치된 급전라인

그림 45. 독일 Augsburg 무선급전 시험선

[출처: Bombardier Transportation,2010]

표 10. 국내 무선급전 기술의 기존 기술간 비교

[출처: 머니투데이,2014.5.21.]

| 구 분 | 국내 전기버스 | 국외 경전철 | 시연기술 (고속전철) |
|---|---|---|---|
| 적용대상 |  |  |  |
| 기관 | KAIST(2013) | 봄바르디어(2010) | 철도연(2014) |
| 주파수 | 20kHz | 20kHz | 60kHz |
| 공급전력 | 100kW | 200kW | 1,000kW (세계최초) |
| 급전방식 | 배터리 충전/주행 | 배터리 충전/주행 | 무선급전에 의한 주행 |

- (신재생에너지 기술) 신재생에너지는 중장기적으로 기후변화 대응 등 글로벌 수요 증가에 따라 큰 폭으로 성장이 예상되며, 현재 산업계는 발전단가 저감을 위한 기술을 개발하고 있음
  - 신재생에너지는 이용분야에 따라 크게 전기와 열로 구분됨. 신재생에너지의 전기 분야는 기존 화석연료(석유, 석탄, 원자력, 천연가스)가 아닌 에너지원을 이용하여 전기를 생산하는 기술로 연료전지, 수소에너지, 석탄액화가스화(IGCC, Integrated Gasification Combined Cycle) 등 신에너지 기술과 태양광, 풍력, 수력(소수력), 해양에너지 등의 재생에너지 기술이 포함됨[51]. 신재생에너지의 열 분야는 신재생에너지원 중에서 전기가 아닌 열에너지를 생산하는 기술로 태양열, 지열, 바이오에너지, 폐기물에너지 등의 기술이 포함됨[52].

    * 신에너지 : 연료전지, 석탄액화가스화 및 중질잔사유가스화, 수소에너지 등 3개 분야의 에너지를 칭함

    * 재생에너지 : 태양광, 태양열, 바이오, 풍력, 수력, 해양, 폐기물, 지열 등 8개 분야의 에너지를 칭함
  - 우리나라 신재생에너지 기술수준은 86%(최고수준 100%) 수준이며, 선진국(미국, 일본, 유럽)과는 10% 정도 뒤처지며, 후발국인 중국과는 5%이내 앞서는 것으로 분석[53].
  - 태양광기술은 1세대(결정질 실리콘), 2세대(실리콘 박막, CIGS 및 CdTe 박막), 3세대(염료감응, 유기박막)등 현재 다양한 형태의 기술이 개발되고 있음.

| 세대 구분 | 1세대 | | 2세대 | | | | | 3세대 | |
|---|---|---|---|---|---|---|---|---|---|
| 구분 | 결정형 | | | 박막형 | | | | | |
| | 단결정 Si | 다결정 Si | III-V | 박막 Si | CdTe | CIGS | DSSC | 유기 | 나노 |
| 시장 점유율 | 41% | 42% | <0.1% | 2.4% | 10% | 3% | <0.1% | <0.1% | |
| 모듈 효율 | 15% | 12% | 35% | 8% | 10% | 12% | 7% | <5% | |
| 특징 | 신뢰성 확보 안정된 생산공정 | | 고효율 | 생산단가 저렴 | | | 생산단가 매우 저렴 | | |
| | 고비용 공정, 소재 가격인하 한계 | | 고비용 소재 | 저효율/내구성 | 독성 소재 | 고비용 소재 | 내구성 미확보 | 저효율 | 신개념 |

그림 46. 태양광 기술

[출처: EPIA, 2011]

- 태양광은 현재 산업의 85% 이상을 차지하고 있는 결정질 실리콘 태양전지와 향후 시장 확대가 예상되는 박막 태양전지는 소재에서부터 소자, 모듈, 발전 시스템에 이르기까지 다양한 기술 스펙트럼이 융합되어 전체 태양광 기술과 산업을 구성하고 있으며, 아울러 현재 전 세계 연구자들은 염료감응형 태양전지의 효율을 높이고, 이를 상용화하기 위한 연구를 본격화하고 있음.
- 국내 태양광은 기존의 대규모 발전용 중심 기술개발을 넘어서 가정용시장, DIPV, ESS 및 EMS와 결합한 솔루션 기술개발 등으로 확대되고 있음[54].

* DIPV(Device Integrated PV), ESS(Energy Storage System), EMS(Energy Management System) 등은 IT·장비와 같은 他산업 융합을 통한 새로운 비즈니스 모델

- 풍력발전기술은 단위 풍력발전기 및 요소부품 개발에 해당하는 풍력발전시스템 기술과, 송배전을 포함하여 다수의 풍력발전기를 연계하는 계통연계시스템기술, 단지개발 및 운영기술을 담당하는 풍력발전단지기술, 풍력발전시스템 및 단지의 적합성을 평가하는 인증·표준화 기술로 구분할 수 있음.
- 풍력발전의 경우 그동안 시장을 이끌어 왔던 육상풍력이 환경파괴, 소음·진동으로 인한 민원 등의 한계를 속속 드러내면서, 환경파괴 및 민원을 최소화할 수 있고, 또 대규모 단지 조성이 가능한 해상풍력이 새로운 시장으로 급부상하고 있음.
- 해상풍력은 영국·독일·네덜란드·덴마크 등 유럽이 주도하고 있으며 중국이 세계 최대의 시장으로 떠오르고 있는 상황임. 그러나 우리나라는 해상풍력 단지 개발과 관련해 아직 초기 단계에 있으며, 특히 자원평가, 단지설계, 터빈시스템 등 해상풍력과 관련한 국내 기술수준은 80%로 높은 편이나, 국산화율은 20%로 매우 낮은 편임[55].
- 연료전지는 연료(수소, 메탄올, 석탄, 천연가스, 석유, 바이오매스가스, 매립가스 등)의 화학에너지를 전기화학반응에 의해 전기에너지로 직접 변환하는 발전장치로서, 연료전지 스택, BOP(Balance of Plant), 연료변환장치 및 제어기술을 통합하는 융복합기술임.
- 연료전지는 작동온도와 전해질의 종류에 따라 분류됨. 대표적으로 1세대 연료전지는 고분자 전해질을 사용하는 PEMFC(Proton Exchange Membrane Fuel Cell), 2세대는 반고체 전해질을 사용하는 MCFC(Molten Carbonate Fuel Cell), 3세대는 고체 전해질을 사용하는 SOFC(Solid Oxide Fuel Cell)가 있음.

- PEMFC는 지금까지 완성도가 가장 높으며, 상용화되어 가정용, 건물용에 공급되고 있으며, MCFC는 MW급 대형 발전용에 사용하기 위해 개발되었으며 국내 포스코에너지가 현재 BOP, 스택, 셀을 단계적으로 국산화하는 과정에 있음. SOFC는 MCFC의 수명 문제를 해소하기 위해 전해질로 세라믹 소재를 사용하며, 미국 Bloom Energy가 SOFC의 상용화에 가장 앞서 있으며 국내에는 미코, 경동나비엔 등이 국책과제로 개발 중에 있음.
- 지열에너지는 직접이용과 간접이용기술로 구분 하는데, 직접이용 기술 중 가장 큰 부분을 차지하는 산업분야가 지열 열펌프 시스템(Geothermal Heat Pump System, GHP)이며, 이 시스템은 저온(10～30℃)의 지열 에너지를 효율적으로 활용하는 지열분야의 대표 기술이라고 할 수 있음. 간접이용기술은 땅에서 추출한 고온수나 증기(120～350℃)로 터빈을 구동하여 전기를 생산하는 지열발전(Geothermal Power Generation) 플랜트 분야이며, 화산지대에서 유리하기 때문에 지리적 제약이 매우 크며, 이러한 제약을 극복하기 위한 연구개발이 지열분야 선진국을 중심으로 진행 중임.
- 지열 열펌프 시스템을 크게 시스템 설계 및 시공, 지중열교환기 관련 기술, 열펌프 유닛, 시스템 최적화 및 제어기술, 표준화 및 인증, 경제성 평가 및 유지관리기술 등으로 분류했을 때, 2009년 말 기준 국내 기술수준은 국외 주요 국가 대비 약 76%인 것으로 조사됨.
- 바이오에너지 기술은 바이오매스 원료 생산, 액상 바이오연료 전환, 바이오 가스 전환 및 고형 바이오연료 기술로 구성됨.
- 해외의 액상 바이오연료 생산 기술 개발은 비식용 원료로부터 바이오연료를 경제적으로 생산하는데 목표를 두고 진행 중임. 바이오가스의 경우, EU는 유기성폐자원의 통합처리 기술 분야에서 혐기성 소화에 집중하고 있으며, 미국은 유기성폐기물 및 매립가스의 바이오가스 생산에 집중하고 있음. 고형바이오연료는 발전소의 혼소 발전 연료로 활용이 증가되고 있으며 연소 효율을 높이기 위한 기술 개발을 진행 중임.
- 폐기물 분야는 폐기물을 연료화하기 위한 고형 연료, 폐기물을 열분해하여 기름을 추출 하는 열분해 유화, 폐기물을 가스화하기 위한 가스화 그리고 폐열 회수를 위한 소각열 회수로 구성되며, 이러한 각각의 기술을 복합적 으로 이용하는 복합기술도 사용할 수 있음.

- 복합폐기물(생활계/사업장계) 처리용 고형연료 제조 핵심단위설비는 EU을 중심으로 지속적으로 개발되고 있으며, 최근 네덜란드는 상용화 규모로 폐플라스틱을 대상으로 한 열분해 유화공정을 개발하였음. 일본의 Mutsu에서는 폐기물가스화 용융을 통해 얻어진 연료 가스의 전량을 가스엔진발전을 통해 발전을 시행하는 상용플랜트를 운영 중임.
- 신재생에너지 하이브리드 시스템은 다양한 신재생에너지 발전과 디젤 발전, 열병합 발전 등 기존 발전원들의 결합을 통해 에너지 효율, 경제성, 신뢰성을 높이는 기술로, 신재생에너지 시장 규모 및 경제성을 크게 늘릴 것으로 기대되는 분야임.
- 신재생하이브리드시스템으로는 '태양광/지열 융복합발전', '태양광/풍력 융복합발전', '태양열/지열 융복합발전'이 있으며, 우리나라를 비롯한 미국, EU 등에서는 신재생에너지의 보급 확대를 위하여 이를 적극적으로 추진 중임

## ■ 차량분야

- (능동현가 기술) 미래 철도차량기술은 기존 철도차량의 주행성능의 한계를 극복하기 위하여 능동제어기술을 현가, 조향, 판토, 제동, 틸팅 장치에 응용하고 있으며, 이중 승객 승차감 서비스와 밀접한 능동현가기술은 일본, 독일 스웨덴 등 철도선진국의 경우 이미 고속철도에 능동 혹은 반능동 현가기술을 적용하고 있으며, 한국과 중국에서는 이에 대한 기술 연구가 활발히 진행 중임[56].

  * 능동현가 기술: 차량 주행시 궤도틀림, 터널 진출입시 풍하중, 교행시 풍하중 등 외란에 대해 진동이 발생하게 되는데 이에 대항하는 반력을 실시간으로 발생시켜 횡방향 혹은 상하방향 충격을 흡수하여 승차감 향상을 도모하기 위한 능동제어 기술

- 일본에서는 1995년 고속철도차량용 진동제어기술로 반능동형 현가장치를 개발한 이후 2001년 전자기기 기술을 적용한 능동형 현가장치를 개발하여 신간선 전편성에 횡방향 능동형 현가장치를 적용하고 있고, 신간선 탄환열차와 특급열차 1등실에 공압 액추에이터를 적용한 능동형 현가시스템을 적용하여 횡진동을 약 50% 저감시켜 승차감 향상 효과를 보고 있음. 또한, 일본 가와사키중공업은 종래 공압 및 유압 액추에이터 대신 응답성과 내구성이 우수한 선형모터형식 솔레노이드 액추에이터를 적용하는 등 메카트로닉 기술을 응용한 능동현가시스템과 틸팅 시스템을 함께 복합 적용한 고속용 대차를 개발한 바 있음[56].

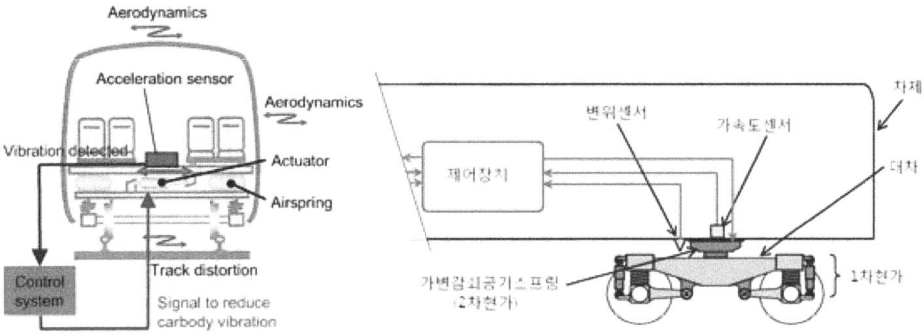


(a) 횡방향 능동현가 (b) 상하방향 능동현가

그림 47. 철도차량용 능동현가시스템 구성도

[출처: 철도차량 능동현가시스템 기술동향, 한국철도학회, 2010]

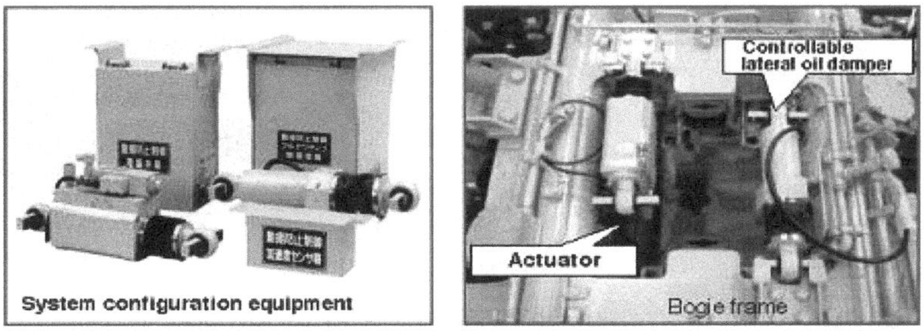


그림 48. 일본 신간선의 공압식 능동현가시스템(스미토모금속)

[출처: 철도차량 능동현가시스템 기술동향, 한국철도학회, 2010]

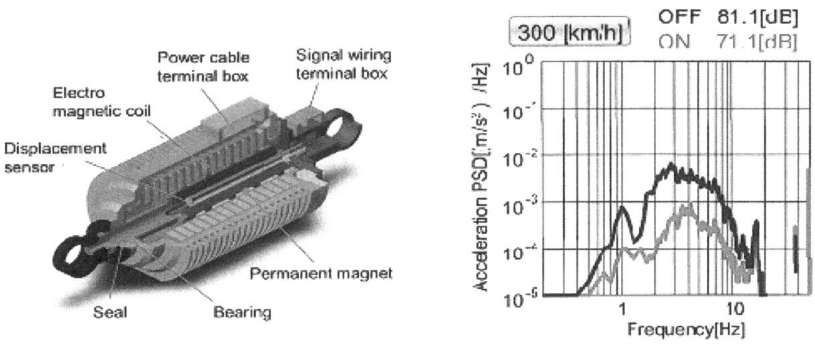


(a) solenoid actuator (b)승차감 시험결과

그림 49. 선형모터형식 솔레노이드 능동현가 액추에이터 및 승차감 개선 결과(일본 가와사키중공업)

[출처: 철도차량 능동현가시스템 기술동향, 한국철도학회, 2010]

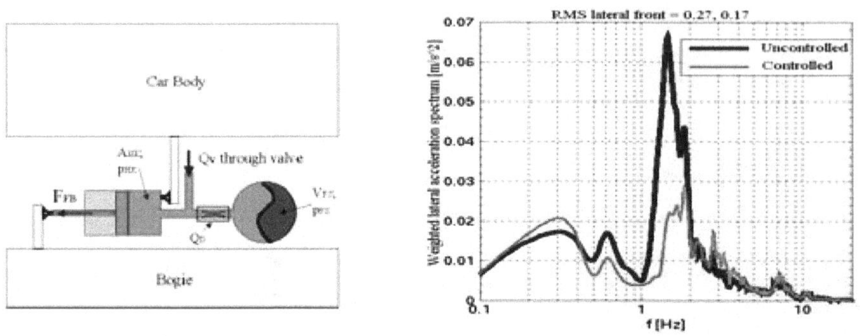


(a) hydro-pneumatic Actuator (b) 진동제어 효과

그림 50. hydro-pneumatic 능동현가 액추에이터 및 승차감 개선결과(독일 DB)

[출처: 철도차량 능동현가시스템 기술동향, 한국철도학회, 2010]

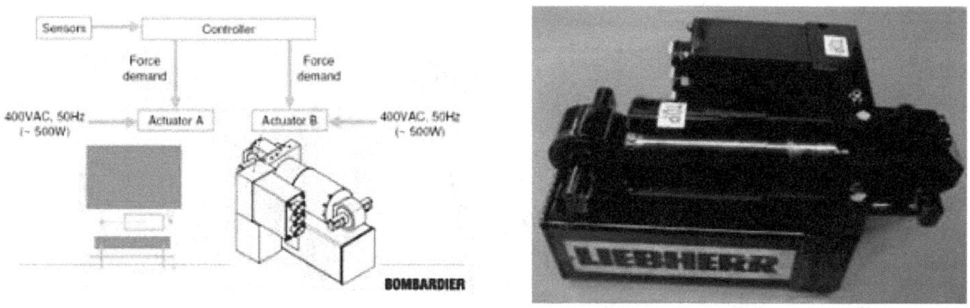


그림 51. 봄바르디어사의 ALS 능동현가시스템 및 스웨덴 REGINA250 능동액추에이터 실물

[출처: 철도차량 능동현가시스템 기술동향, 한국철도학회, 2010]

- 독일에서도 최근 승차감 개선을 위해 hydro-pneumatic 액추에이터를 사용한 능동현가장치 개발이 활발히 진행되고 있는데, 횡방향 승차감과 수직방향 승차감을 동시에 제어할 수 있음[56].
- 스웨덴에서는 동일 노선에서 200km/h급 틸팅열차(X-2000)를 250km/h급 EMU형 틸팅열차(REGINA250)로 대체하면서, 50km/h의 증속에도 승차감을 유지하기 위하여 봄바르디어사가 개발한 능동형 2차 현가장치인, ALS (Active Lateral Suspension) 시스템을 적용함[56].
- 반능동 현가장치 기술로서는, 미국에서 MR댐퍼(Magneto-Rheological damper)를 이용하여 자동차 현가장치에 사용되었던 기술을 철도차량에 도입하고 있고, 중국 및 이탈리아 등에서도 철도차량용 반능동 현가장치에 사용될 대용량 고효율의 MR댐퍼를 개발하고 있음[56].

- 이상에서와 같이, 국외에서 횡방향 능동 혹은 반능동 현가장치는 실용화된 반면, 상하방향 능동현가시스템은 현재 연구가 활발히 추진 중에 있음[56].
- 국내에서도, 2010년부터 최근까지 중·고속 철도차량의 횡방향 진동 승차감을 향상시키기 위해 MR댐퍼를 이용한 반능동 현가장치 및 선형모터식 액추에이터 방식 능동 현가장치를 개발 중에 있으며[56], 2015년 무궁화 열차에 능동 현가장치 시제품을 탑재하여 시험선 시험을 수행, 약 6.7dB의 횡방향 승차감 향상 효과를 달성함[57].

● (능동조향 기술*) 국외에서는 철도차량이 곡선구간 주행시 발생하는 과도한 차륜 마모, 곡선구간 특유의 소음 문제를 해결하기 위해 조향시스템에 대한 연구가 오래 전부터 수행되어 왔는데, 기존 축상스프링과 기구학적 특성을 이용한 자기조향방식 또는 링크를 적용한 수동형 조향방식을 극복하고 다양한 곡선 주행 환경에 능동적으로 적응할 수 있는 능동조향시스템 연구가 1990년대 초부터 활발히 진행 중에 있음[58, 59].

* 능동조향 기술: 능동액추에이터와 제어기술을 이용하여 윤축을 곡선구간의 곡률반경에 적절하게 대응하도록 제어하여 차륜의 공격각 및 종/횡방향 작용력을 최소화함으로써 원활한 곡선 주행을 도모하기 위한 능동제어 기술

- 봄바르디어사는 열차 주행안정성 향상 및 곡선부 주행성능 향상을 위해 rotary electro-mechanical 액추에이터가 적용된 윤축조향제어방식의 능동조향기술을 개발하여 능동현가, 틸팅기술과 함께 복합적으로 능동제어기술을 접목시킨 메카트로닉 대차(Mechatronic bogie)를 개발, 실용화를 추진하고 있음.
- 일본에서는 볼스타레스 대차에 조향기능을 부가하여 윤축 자체가 가진 자기조향기능을 보완하여 곡선통과 성능을 향상시키는 방식으로 1차 현가계의 축상스프링의 조향기능을 보조하는 어시스트조향방식에 대한 연구를 추진하였고, 차체/대차간 요댐퍼를 능동 액추에이터로 대체한 대차각 조향제어방식인 능동조향대차에 대한 연구도 일본, 이탈리아 등에서 진행 중에 있음.

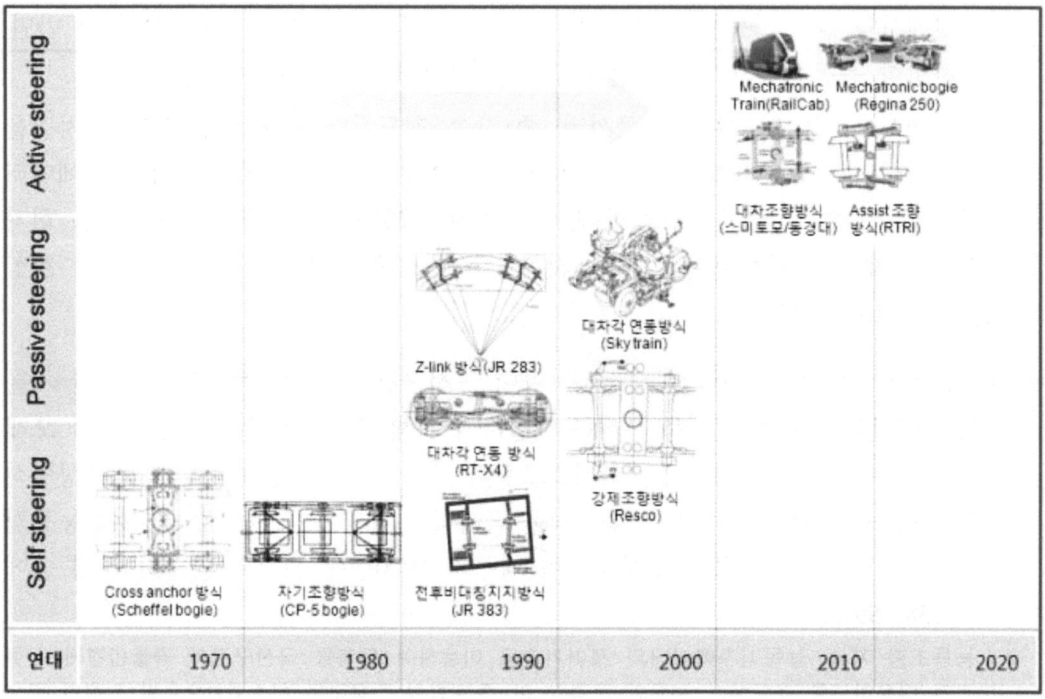


그림 52. 철도차량 조향기술 발전 단계

[출처: 철도차량의 능동조향기술, 한국소음진동공학회, 2011]

- 국내에서는 곡선구간이 많은 도시철도 구간을 대상으로 능동조향 기술을 적용하기 위한 연구가 2013년부터 수행되고 있으며, 실시간으로 곡률반경을 추정하여 볼스타레스 대차에 윤축의 공격각을 줄임으로써 차륜/레일의 마모를 줄이는 것을 목적으로 하고 있음[60].

그림 53. 메카트로닉 대차(Mechatronic bogie, 봄바르디어)

[출처: 철도차량의 능동조향기술, 한국소음진동공학회, 2011]

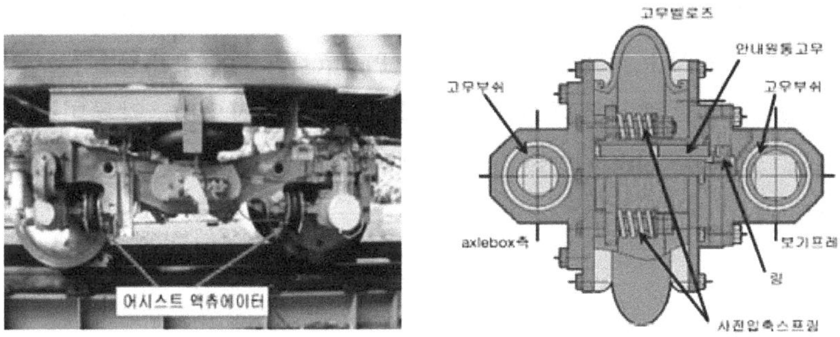


그림 54. 어시스트 조향방식 능동조향시스템(일본 RTRI)
[출처: 철도차량의 능동조향기술, 한국소음진동공학회, 2011]

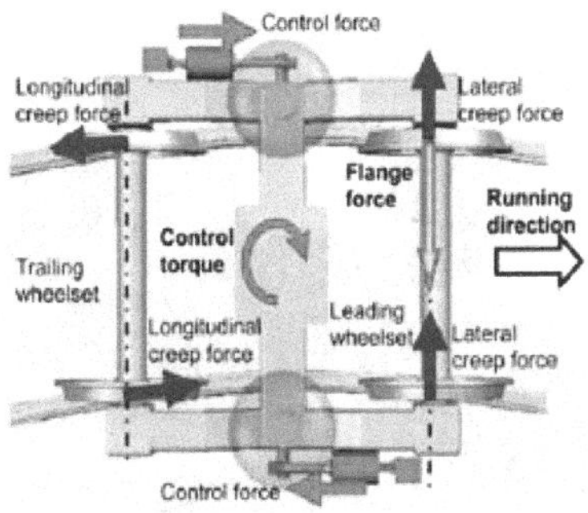


그림 55. 능동조향 대차(Active bogie steering, 일본 동경대/스미토모금속)
[출처: 철도차량의 능동조향기술, 한국소음진동공학회, 2011]

- (차량 경량화 기술) 전세계적으로 탄소배출량 저감 등 환경규제 강화 및 에너지 소비량 저감의 일환으로 철도를 포함한 자동차, 항공기 등의 경량화에 대한 관심이 고조되고 있는 가운데, 이와 관련된 연구가 국내외에서 추진 중에 있음[61].
  - 일본, 프랑스 등 철도선진국에서는 장기적인 계획 하에, 신소재 개발, 부품 및 시스템 경량화 기술연구 등 스테인레스강 소재 차량 대비 30% 경량화 달성을 위한 연구를 추진 중에 있으며, 탄소섬유강화플라스틱(CFRP, Carbon Fiber Reinforced Plastics) 복합소재, 마그네슘 합금소재 등을 활용하기 위하여 압출, 접합, 고강도화 등 신소재 가공관련 연구개발도 활발히 진행 중임.
  - 특히, 일본 가와사키중공업은 '13년에 기존 대차프레임 기본구조의 강재 사이드 프레임 및 코일 스프링 대신 CFRP재 판 스프링을 이용하여 대차당 약 900kg의 중량 감소를 통해 40% 경량화시킨 차세대 대차, efWING을 개발함.

- 국내에서도, 알루미늄 차체 적용을 통한 8~10% 경량화 기술을 확보하고 있고, 섬유강화플라스틱(FRP, Fiber Reinforced Plastics) 복합 소재를 이용한 차량 차체 및 대차기술 적용으로 15% 정도 경량화에 성공하였으며, 알루미늄과 고장력강 하이브리드 소재를 이용한 초경량 차체, 초경량 차축 및 내장판에 대한 기초 연구[61]가 수행 된 바 있음.

그림 56. 차세대 CFRP 대차, efWING
[출처: www.khi.co.jp]

- (차량 공력저항 최소화 기술) 열차 속도 향상을 저해하는 공력저항을 감소시킬 경우, 연비 향상을 통한 에너지 소비량 감소 등 차량 운행비 및 속도향상에 따른 제반비용 감소 효과가 있어, 국내외에서 고속주행시 공기저항을 최소화하여 속도한계를 극복하는 기술 개발이 추진 중에 있음[62].
  - 일본 히다찌는 신칸센 차량 전두부 구조의 생산공정 개선을 위해 기존 700 여개 부재의 Skin과 Bone 구조를 20 여개의 패널 구조로 개선하는 연구를 수행하고 있음[63].

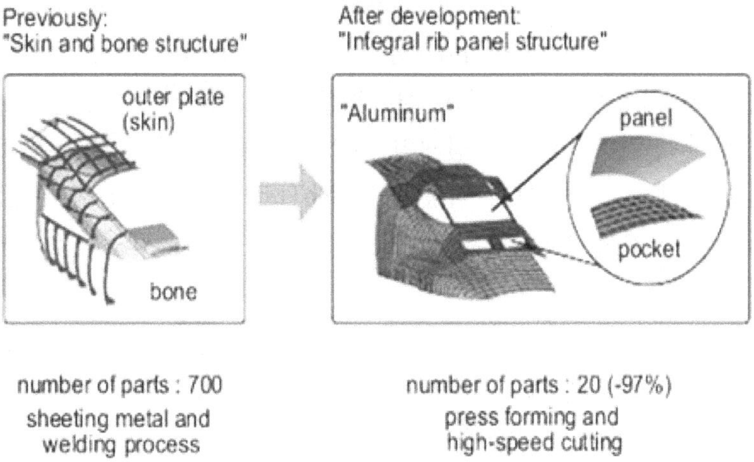


그림 57. 신칸센 차량 전두부 구조변경, HITACHI
[출처: Internationales Verkehrswesen, 2012]

- (자기부상열차 기술) 독일은 430km/h급 고속형 자기부상열차를 개발하여 중국 상하이에 실용화한 바 있고, 일본과 중국은 고속형 및 도시형 자기부상열차에 대한 연구를 추진하고 있음. 한편, 한국은 도시형 자기부상열차를 개발하여 실용화 단계에 와 있으며, 초고속 자기부상열차에 대한 기초 연구를 수행하였음[64, 65].
  - 독일은 1960년대 후반부터 상전도 흡인식 전자석(Electro-magnetic Suspension, EMS)과 선형동기전동기(Linear Synchronous Motor, LSM)를 이용하여 선로와 열차 간격을 10mm로 부상공극 유지가 가능한 자기부상열차를 개발하여 2004년에 상하이에서 430km/h급 고속형 자기부상열차의 상업운행을 시작함. 고속형 자기부상열차를 개발한 Transrapid사는 최근 자기부상열차의 초기투자 및 유지보수 비용을 바퀴식보다 낮출 수 있는 기술 개발에 역점을 두고 있음.
  - 일본은 1972년 나리타 공항 연결노선 적용을 위해 세계 최초로 도시형 자기부상열차 실용화에 성공하였고, 2005년에 나고야시에 8.9km Tobu Kyuryo 노선(Linimo)이 운영 중에 있음. 한편, 일본의 'Chuo Shinkansen'은 도쿄와 오사카를 잇는 최고속도 500km/h이상의 초고속 자기부상열차 노선으로서, 2014년에 착공하여 2027년에 나고야까지, 2045년에 오사카까지 개통을 목표로 추진 중에 있음. 이 노선에 운영될 고속형 자기부상열차는 초전도 자석과 선로 측벽에 설치된 8자형 코일에 발생하는 유도전류에 의해 부상하는 초전도 반발식(Electro-dynamic Suspension, EDS)이 적용되어 개발되었고, 2003년도에 시험선에서 시험차량 MLX로 최고속도

581km/h 달성하고, 1997년부터 2011년까지 누적 주행거리 874,000km를 시험하였으며, 2013년부터 실용화차량 L0계를 개발하여 2015년도에 최고속도 603km/h를 달성함. L0계 차량에는 선두차의 전두부를 공기역학적인 효과를 고려하여 개선하였고, 차상 전력공급장치를 현재의 가스터빈 발전기에서 비접촉 유도급전방식으로 변경 중에 있으며, 현재 적용 중인 NbTi코일을 안정성, 전류밀도, 냉각장치 및 경량화 측면에서 상당 효과가 있는 것으로 확인된 고온초전도체인 Bi2223, YBCO의 적용을 검토하고 있음.

- 중국은 1990년대 중반부터 교통대학, 국방대학 등에서 중저속 도시형 자기부상열차 개발을 착수하였고, 개량형 도시형 자기부상열차를 개발하여 시험운행 중이며, 베이징 S1노선에 투입할 계획임. 한편, 중국은 상하이 푸동공항과 도심을 잇는 노선에 독일 Transrapid사의 430km/h급 고속형 자기부상열차를 도입하면서 Transrapid 기술의 국산화와 운영 기술 축적을 목적으로 하는 고속형 자기부상열차 개발사업을 추진하여, 2011년부터 부상, 안내제어 구성품을 제외한 고속형 자기부상열차와 선형전동기, 저속/고속 분기기 및 경량 거더를 중국 자체 기술로 제작하고 있고 기존 차량 대비 실내 소음을 5dB(A)까지 낮추는 성과를 거둠.

(a) 일본 Linimo

(b) 중국의 도시형 자기부상열차

**그림 58. 일본 및 중국의 도시형 자기부상열차**

[출처: 도시형자기부상열차의 어제와 오늘, 한국도시철도학회, 2013]

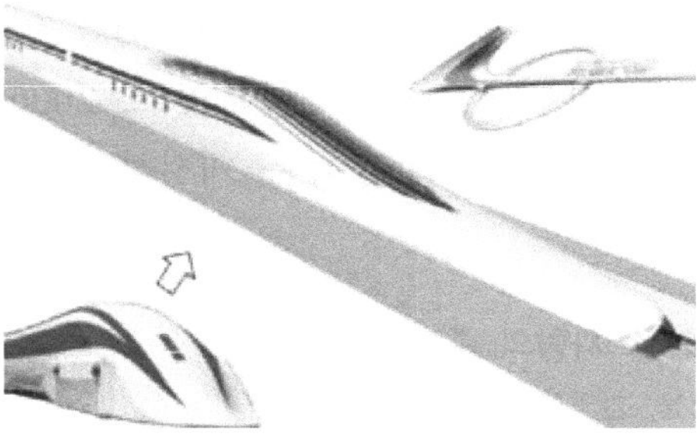

(a) 고속형 자기부상열차 상용화 모델 L0

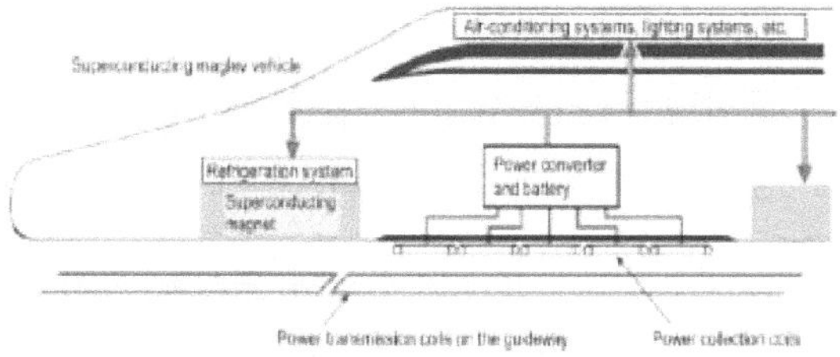


(b) 유도급전시스템

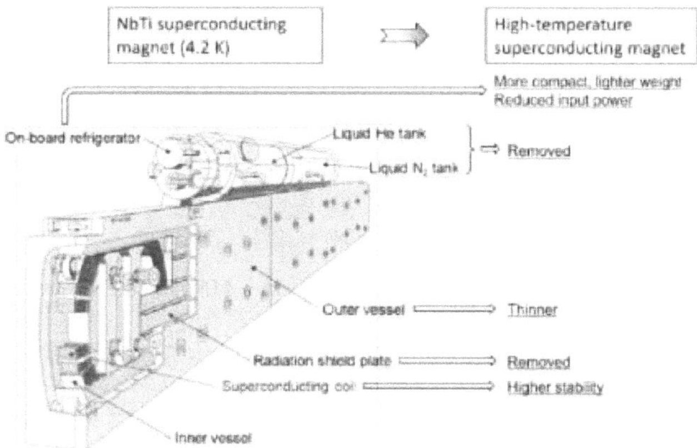


(c) 고온초전도 코일 이용에 따른 장점

**그림 59. 일본의 고속형 자기부상열차**

[출처: 초고속 자기부상열차 기술개발 동향과 시사점, 한국철도학회, 2014]

**그림 60. 중국 상하이에서 운행 중인 고속형 자기부상열차(Transrapid) 및 중국에서 제작한 Transrapid**

[출처: 초고속 자기부상열차 기술개발 동향과 시사점, 한국철도학회, 2014]

- 국내에서는 1989년 상전도 흡인식 전자석(EMS)과 선형유도전동기(LIM)를 이용하여 부상 및 추진되는 중저속 110km/h급 자기부상열차를 개발하였고, 2006년 도시형 자기부상열차 실용화사업을 통해 자기부상열차의 성능을 개선하여 인천공항-용유역 구간(6.1km)을 개통('16.2) 하였음.

표 11. 한국의 도시형 자기부상열차 차량의 주요 규격

[출처: 도시형자기부상열차의 어제와 오늘, 한국도시철도학회, 2013]

| 주요 사양 | 도시형 자기부상열차 |
|---|---|
| 치수(m) | 12.0(L)×2.7(W)×3.45(H) |
| 공차중량 | 19 ton/car |
| 탑승인원(최대) | 115명/car |
| 부상 공극 | 8mm |
| 최고속도 | 110km/h |
| 가속성능(최대) | 4.0km/h/sec |
| 궤간 | 1.85m |
| 최대구배 | 7% |
| 최소곡선반경 | 50mR |

그림 61. 한국의 도시형 자기부상열차

[출처: 도시형자기부상열차실용화사업단]

- 미국은 1,200km/h 캡슐형 초고속 열차시스템인 Hyperloop 개발 이외에, ET3 (Evacuated Tube Transport Technologies, 진공튜브운송기술)사에서 20여년간 '지구에서의 우주여행(Space Travel on Earth)'이라는 ET3 프로젝트를 추진 중에 있으며, 거점 도시 간에는 600km/h, 국가 간에는 6,500km/h로 이동하여 베이징에서 뉴욕까지 2시간 만에 돌파 가능한 진공 자기부상열차를 개발하고 있음. 에어록에 의해 일시적으로 진공상태가 된 양방향 튜브 속을 직경 1.5m의 캡슐(중량 183kg)이 승객(6인용) 혹은 화물(367kg)을 초고속으로 수송하게 되며, ET3는 전기자동차나 기차의 KWh당 수송인구의 50배에 달하고, 초기 인프라 구축 비용은 고속철도 건설비용의 1/10, 고속도로 비용의 1/4 수준에서 가능할 것으로 제시함.

그림 62. ET3 개념도 [출처:www.et3.com]

- 국내에서는 초고속 자기부상철도 핵심기술 확보를 목적으로 연구를 수행하여 모터용량 450kW/량, 가속도 1.1m/sec2, 견인력 23.7kN 규모의 자기부상 및 LSM 추진기술을 구현하였으며, 150m 단거리 자기부상 주행 시험선에서 가능성을 검증하였으나 시험선로길이 등의 제약으로 최고속도는 30km/h 수준임.

그림 63. 국내 초고속 자기부상 시제 차량 및 가이드웨이
[출처: 한국철도기술연구원]

## ■ 궤도분야

- (궤도 해석 및 설계 기술) 국외에는 수십년 동안 해석과 실험을 통해 차량/궤도/하부구조간 상호작용 해석을 포함한 독자적인 궤도 설계기술 및 선형설계기술을 확보하고 있고, 국내에서는 국외 설계기준을 준용하는 수준이나 궤도교량 상호작용 등 일부 궤도해석 기술을 확보하였으며, 최근 국내 환경에 적합한 신뢰성 기반의 궤도 설계기술 연구가 진행 중에 있음.
  - 유럽에서는 유럽표준규격(Eurocode, EN1991-2:2003 Section6)에서 교량상 궤도 설계시 궤도-교량 상호작용에 대한 영향 즉, 서로 다른 교량과 장대레일의 온도팽창, 교량 상판 단부 회전, 교량 상판 처짐 등으로 인해 궤도에 야기되는 영향을 고려하도록 제시하고 있음.
  - 또한, 프랑스에서는 열차 증속에 따른 궤도구조 동특성 해석 및 탈선 방지 기술을 확보하고 있고, 네덜란드에서는 철도궤도 및 노반 해석기술, 차량/궤도 상호작용 이론과 장대레일 해석기술을 확보하고 있음.
  - 일본은 궤도노반을 포함한 궤도구조체 해석기술 및 궤도거동특성 특히, 열차 고속주행시 레일 용접부, 궤도틀림 등과 같은 불규칙성으로 인한 동적해석 기술을 확보하고 있음.
  - 국내에서는 궤도구조체 해석기술, 궤도/교량 상호작용 해석기술, 교량상 장대레일을 포함한 장대레일 해석기술을 확보하고 있으며, 최근 궤도/교량 상호작용력 저감 기술을 연구 중에 있음.

- (궤도 구성품 및 분기기 기술) 국외 철도선진국에서는 독자적인 궤도 핵심구성품 설계·제작기술을 확보하여 자국 및 국외에 적용하고 있으며, 국내에서는 침목, 레일체결장치, 분기기 등에 대한 설계·제작기술 연구가 추진 중에 있음.
  - 독일, 프랑스에서는 레일체결장치, 레일신축이음매 등 궤도 핵심구성품에 대한 독자적인 설계·제작 기술을 확보하고 있고, 자갈궤도용·콘크리트궤도용·고속용 분기기 및 분기 구성품 설계·제작 기술뿐만 하니라, 차량/분기 레일간 인터페이스 동적 해석 기술, 증속에 따른 분기기상 열차 주행시뮬레이션 기술 등을 확보하고 있음.
  - 특히, 국내 고속철도분기기를 공급하고 있는 독일 BWG사는 스위치 롤러 적용, 유압식 선로전환기, 탄성연결장치, 종래 망간보다 강도와 인장력이 높은 바이니트

(Bainit)로 제작된 고정 크로싱 등 내구성을 높여 생애주기비용(LCC)을 줄이는 데 중점을 두고 기술 개발 중임.

- 영국 팬드롤사에서는 독자적인 레일체결장치 설계·제작 기술을 확보하고 있으며, 국내 뿐만 아니라 여러 나라에 적용되고 있음.
- 국내에는 레일체결장치에 대한 기초적인 설계·제작기술과 일반철도 분기기 설계·제작기술을 확보하고 있으며, 최근 국외기술에 의존하고 있는 고속용 분기기 및 분기 구성품에 대한 설계·제작 기술 연구가 진행 중임[66].

그림 64. 고속철도용 가변 크로싱 분기기

[출처: 한국철도기술연구원]

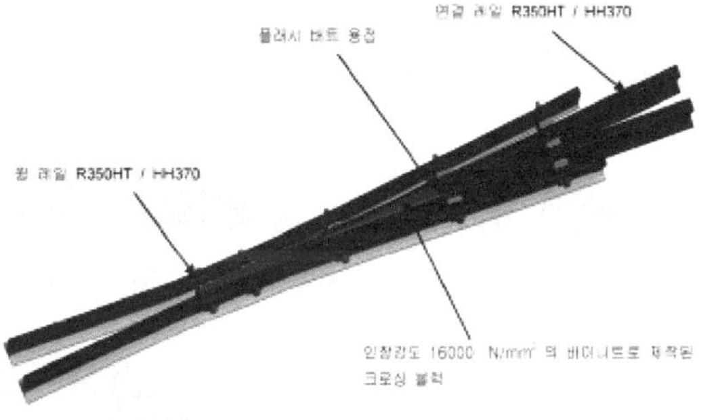


그림 65. 바이니트 고정 크로싱

[출처: 분기기 신기술 동향, 한국철도학회, 2010]

- (궤도시스템 개발 및 개량 기술) 자갈도상 궤도의 유지보수비 저감을 위해, 국외 철도선진국에서는 신형식 침목과 자갈궤도를 대체할 신형식 궤도 기술 개발과 함께 다양한 자갈도상 궤도 개량 공법을 개발하여 현장 적용 중에 있으며, 국내에서도 이와 관련한 기술 개발이 진행 중임[67].
  - 독일의 Y-형 강재 침목, Rheda와 Zublin, Rheda2000의 콘크리트 구조체, 오스트리아의 프레임 침목 궤도(Frame-Sleeper Track), 일본의 J-Slab, 레더 궤도(Ladder Track) 등 자갈궤도 구간의 궤도틀림을 최소화하기 위해 독자적인 신형식 궤도를 개발하여 적용하고 있으며, 유럽에서 INNOTRACK 프로젝트를 통해 기존선 궤도의 RAMS를 향상시켜 LCC를 30%까지 저감시킬 수 있는 신형식 궤도 개발 등 궤도 유지보수비 저감을 위한 신형식 궤도 연구가 지속적으로 추진 중에 있음.
  - 일본에서는 자갈도상궤도의 유지보수 저감을 위해 현재까지 약 10여개의 포장 궤도 모델을 개발하는 등 자갈층의 영구 고결화 기술을 확보하여 현장에 적용하고 있으며, 영국에서는 폴리머계열의 고분자 재료(토목 섬유)를 활용한 자갈층 보강 기술을 확보하고 있음.

- 영국에서는 Xi-Track 등 기존 자갈도상을 폴리머-우레탄(polyurethane) 계열 유제 및 토목섬유 등으로 생력화 보강하는 기술을 확보하여 교량접속부 등 강성천이 구간, 분기기, 터널궤도하부, 연약지반구간, 콘크리트 슬래브구간 접속부 등에 적용하고 있음.

그림 66. 독일의 Rheda2000 [출처: commons.wikimedia.org]

그림 67. 일본의 Ladder Track
[출처: odakyu.s60.xrea.com]

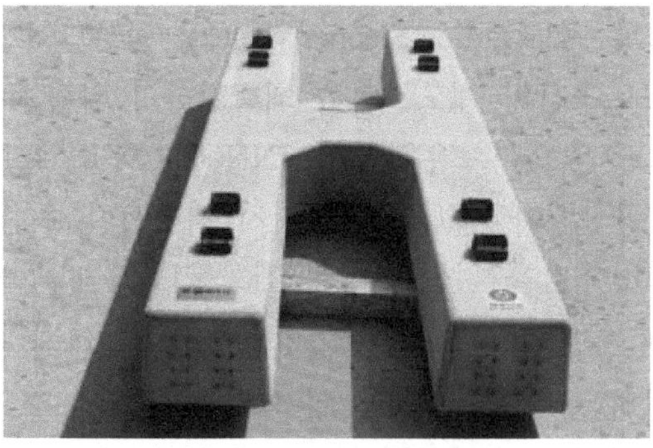

그림 68. 한국의 H자 다지형 침목
[출처: 머니투데이뉴스]

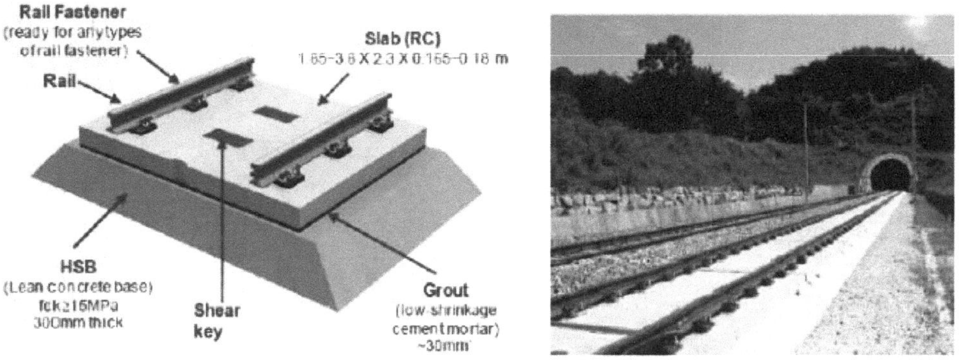


그림 69. 공장제작식 프리캐스트 콘크리트궤도(PST, 한국)

[출처: 한국철도기술연구원, 2010]

- 국내에서는 기존 일반선의 자갈도상궤도 개량을 위해 도상 횡저항력 증가를 통한 궤도틀림 발생 저감이 가능한 H자 다지형 침목 기술과, 자갈층의 영구 고결화 기술, 자갈층을 콘크리트 슬래브로 개량하는 기술을 개발하여 실용화 단계에 있고, 자갈궤도를 대체할 현장타설식 및 공장제작식 콘크리트 궤도 기술을 확보하고 있음[68].
- 현재 기존 국내 고속철도 자갈궤도구간의 반복적인 궤도틀림 발생으로 인한 유지보수비 저감을 위해 자갈도상궤도 개량 기술 및 급속경화기술 개발이 진행 중이며,
- 고속화를 위한 아스팔트 노반 및 궤도구조 개발, 궤도부담력 완화를 위한 슬라이딩 궤도 개발이 진행 중임.

● (궤도 소음진동 예측·저감 기술) 철도소음은 전동소음에 기인하는데 국내외에서 이러한 전동소음을 예측하는 기법 개발과 함께, 철도연변 소음진동 저감을 위해 저소음·저진동 콘크리트 궤도 개발과 함께 궤도 소음진동저감 기술에 대한 연구가 활발히 진행 중임.

- 유럽에서는 전동 소음을 예측하기 위하여 TWINS(Track-Wheel Interaction Noise Software)라는 궤도·차륜간 전동소음 예측 전용 소프트웨어를 개발하였고, 일본에서도 전동음 예측기법 구축이 진행 중임[69].
- 국내에서도 일반철도와 고속철도 소음예측기법을 개발하여 음원 요소, 궤도·구조물 조건, 차종별, 열차속도별로 음원위치와 파워레벨을 정하여 여러 상황에서 선로연변 관측점에서의 소음레벨 예측이 가능함[69].

그림 70. 방진침목 콘크리트 궤도(STEDEF, 네덜란드)
[출처: 한국철도기술연구원, 2010]

그림 71. 레일 매립형 콘크리트 궤도(ERS, 네덜란드)
[출처: 한국철도기술연구원, 2010]

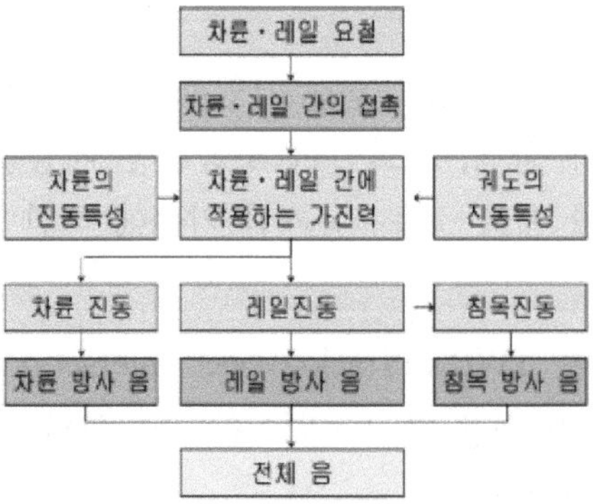


그림 72. TWINS에서의 전동음 계산흐름
[출처: 철도선로연변에서의 소음과 지반진동의 저감, 한국철도학회, 2012]

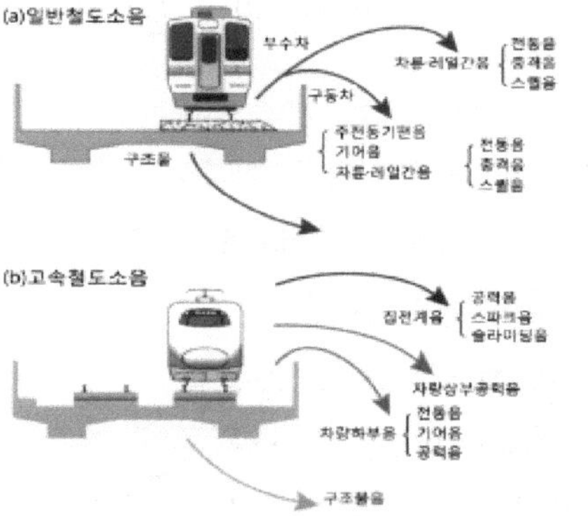


그림 73. 철도소음 예측기법에서의 음원 분류
[출처: 철도선로연변에서의 소음과 지반진동의 저감, 한국철도학회, 2012]

- 독일에서는 VIT(Vibration Isolation Track) 궤도 등 궤도진동 저감 기술을 확보하고 있고, 아스팔트 궤도노반 기술을 개발하여 적용하고 있음.
- 네덜란드에서는 소음진동저감을 위한 ERS Silent Track 등 매립형 궤도 기술을 확보하고 있으며,
- 프랑스 Stedef, 미국 LVT 궤도 등 궤도 소음진동 저감을 위해 방진침목을 적용한 콘크리트 궤도 기술을 확보하고 있음.
- 일본에서는 차량/궤도 상호작용에 의해 발생되는 소음 진동 저감 연구와 열차 주행시 지반진동에 의한 궤도 영향 연구가 진행 중에 있음.
- 국내에서는 궤도 소음진동 저감을 위해 방진침목과 방진콘크리트궤도(플로팅) 설계·제작기술을 확보하고 있으며, 최근 매립형 궤도 기술 연구와 함께 곡선부 열차 주행시 소음진동 저감을 위해 3차원 정밀 선형 공장제작식 궤도 기술 연구가 진행 중임.

● (궤도 검측장치 기술) 국내외에서 철도망의 확충에 따른 방대한 선로를 효율적으로 검사하기 위하여 궤도검측차, 레일탐상차, 분기기 검사장치 등 여러 궤도 측정기기를 개발·도입하여 활용해왔고, 최근에는 화상장치, 고속검측차량을 이용하거나 GPS기술의 접목 등 향상된 궤도 측정기술 개발이 진행 중임[70]. 특히, 국외 철도 선진국에서는 독자적인 검측차량을 통한 차량 주행 중 궤도 이상 발생 검측기술을 확보하고 있고, 국내에서는 외국산 검측차를 도입하여 활용해왔으나, 고속철도 운행에 따라 최근 고속검측차 기술 개발이 진행 중임[71].

- 이탈리아, 일본, 프랑스 등 국외에서는 고속 영업운행 차량과 동일한 속도로 궤도 검측이 가능한 고속검측차를 활용하여 궤도틀림, 레일단면 마모, 레일 표면 결함 등 고속 궤도검측 기술을 확보하고 있음.
- 국내에서는 지금까지 120km/h급 일반철도용 검측차(EM120)와 160km/h급 고속철도용 검측차(Roger-1000K)를 각각 오스트리아(Plasser & Theurer)와 이탈리아(MerMec)로부터 수입하여 해외기술에 의존하여 궤도검측을 수행하고 있었으나,
- 최근, 국내에서도 궤도틀림 검측, 레일단면 프로파일 및 레일마모 검측, 레일·침목·체결구 등 궤도 구성품 결함 탐지 등 궤도 이상발생에 대비한 사전 검지가 가능한 300km/h급 고속 종합검측차 및 검측기술 개발이 진행 중임.

표 12. 국외 검측차 운영 현황

[출처: 한국철도기술연구원, 2013]

| 검측차명 | 아르키메데<br>(Roger2000) | 닥터옐로우<br>(Dr.Yellow T4) | 아이리스320<br>(IRIS 320) |
|---|---|---|---|
| 국가 | 이탈리아 | 일본 | 프랑스 |
| 속도 | 250km/h | 270km/h | 320km/h |
| 운용사진 |  |  |  |
| 편성 | 6량 1편성 | 7량 1편성 | 10량 1편성 |
| 주요측정<br>항목 | 궤도틀림<br>레일단면/마모<br>선호순회<br>전차선<br>신호/통신 | 궤도틀림<br>레일단면/마모<br>선호순회<br>전차선<br>신호/통신 | 궤도틀림<br>레일단면/마모<br>레일표면결함<br>전차선<br>신호/통신 |

표 13. 국내 검측차 운영 현황

[출처: 한국철도기술연구원, 2013]

| 검측차명 | EM120 | Roger-1000K |
|---|---|---|
| 주요 노선 | 일반철도 | 고속철도 |
| 속도 | 120km/h | 160km/h |
| 운용사진 |  |  |
| 편성 | 1량 1편성 | 1량 1편성 |
| 제작사 | 오스트리아 Plasser | 이탈리아 MerMec |
| 검측항목 | 궤도틀림 | 궤도틀림<br>레일단면/마모<br>전차선 높이/편위/마모<br>신호 (연속 · 불연속 정보/레벨)<br>통신 (전계강도) |

- (궤도 유지보수 기술) 국외에서는 수십 년간의 축적된 데이터와 경험을 토대로 독자적인 궤도 유지보수 기준을 수립하고 있으나, 국내 궤도 유지보수 기준은 국외 기준을 준용하는 수준에 있으며, 최근 국내 환경에 적합한 궤도 유지보수 기준 연구가 진행 중에 있음. 또한, 궤도 상태에 대한 상시 모니터링으로 획득한 각종 데이터를 이용하여 종래 시간 기반의 유지보수(Time Based Maintenance, TBM) 개념에서 상태기반의 유지보수(Condition Based Maintenance, CBM) 개념으로 변화되어 가는 추세임[70].

- 레일교체와 관련하여, 프랑스에서는 레일파단 데이터를 이용하여 확률·통계적 분석기법에 의한 독자적인 레일교체기준과, 레일피로발생모델 및 손상모델에 대한 연구를 통한 레일결함관리기준을 수립하였고, 일본은 과거 레일이음매에서 발생하던 균열 및 파손에 경험하여 레일교체기준을 마련하였으며 현재 정기적인 레일교체기준에 대한 개선 연구를 추진 중에 있음.
- 국내 일반철도에는 일본 레일교체주기를 그대로 적용하고 있고, 고속선에는 프랑스 자문결과를 토대로 일반철도와 같은 기준을 적용하고 있으며, 최근 일반철도 레일 교체 및 요철 관리기준, 레일 연마기준 등 레일교체기준에 대한 기초 연구가 진행 중에 있음.
- 최근에는 종래 궤도 검측데이터와 유지보수 기준치와의 관계에서 보수 개소와 시기를 결정하던 방식에서 탈피하여, 과거 궤도틀림과 현재 궤도틀림 진행 상황을 분석하여 미래의 궤도틀림을 예측·예방·보수하는 기술 연구가 활발히 이루어지고 있으며, 일본에서는 일부 철도에 이를 적용하고 있음[57].
- 향후, 철도시스템의 설계가 성능중심 체계로 전환되면서, 궤도 설계에서 교체에 이르는 수명주기에 걸쳐 내구 성능을 고려한 유지보수 기술 연구와 함께, IT 기술을 접목한 궤도 검사의 자동화, 생력화 및 상태감시 기술 개발이 진행될 것으로 보임[70].

## ■ 토목분야

- (철도 지반 보강 및 시공 기술) 국외에서는 철도 노반과 지지층의 두께 및 단면 저감 등 건설비 저감 기술 연구를 진행 중이며, 도상 침하 억제, 소음진동 저감, 주행안전성 증가, 내구성 증대를 위해 콘크리트 궤도 등 생력화 궤도에 대한 신공법 개발이 진행 중에 있음[27].
  - 국외에서는 지지층의 강성에 따른 강화노반층 두께 연구를 포함하여, 교량접속부, 천이구간, 연약지반구간 등에서의 소음진동 저감, 유지보수비 절감을 목적으로 기존 자갈도상의 생력화·보강 기술 연구를 수행해 왔으며, 콘크리트궤도의 지반 침하를 억제하고, 건설비 저감을 위한 단면 최소화한 강성보강 노반 연구를 수행한 바 있음.
  - 국내에서는 경부고속철도 1단계 자갈도상에서 2단계 콘크리트도상 적용에 따른 원지반 지지조건 및 허용잔류침하량 기준이 엄격해짐에 따라 이에 대한 연구가 토공 투입비용 절감기술 연구와 함께 진행 중임.

- (철도교 설계 기술) 국외에서는 철도교량-열차, 교량-궤도 상호작용 해석부분에 있어 철도교의 공진과 공진소멸에 대한 지속적인 실험과 이론 연구를 통해 해당 분야 세계 최고수준의 기술을 보유하고 있으며, 고속철도교량 등 철도교의 동적 안정성을 고려한 설계 및 시공, 유지관리에 활용하고 있으며[27], 점차 철도교 장경간화, 지속가능형 고내구성 재료 및 설계, 고성능 재료 등에 대한 연구 추세임.
  - 유럽의 ERRI에서는 철도교 공진발생에 대한 실험과 이론적인 연구를 지속적으로 수행해왔으며, 동적안정성을 고려한 설계체계와 해석도구 개발을 통해 철도교량의 해석 및 설계 등 실제 교량 건설에 설계기술을 활용하고 있음
  - 스페인, 이탈리아 등에서는 장경간 교량 설계 및 시공이 증가되고 있으며, 고내구성 설계를 통한 지속가능형 구조 개발 및 적용이 증가되고 있는 추세임.
  - 일본은 교량-열차 상호작용 해석부분에서 실험 및 이론적 연구를 수행하여 공진과 공진소멸에 기초한 속도계수에 대한 다양한 매개변수 분석을 통하여 신칸센 속도향상에 따른 신규 형식 구조물 설계에 적용하고 있으며, 휠-레일 상호작용을 고려한 교량-열차 상호작용 해석 연구를 완성하여 설계 및 유지관리에 활용하고 있음.

- 중국은 최근 고속철도 건설과 더불어 다양한 철도교량이 가장 많이 건설되고 있음. 고속철도, 도시철도 등에 다양한 교량이 적용되고 있으며, 특히 장경간 교량이 다수 건설되고 있음. 철도교량의 동적거동, 궤도 부담력 완화 등에 대한 연구가 활발히 수행되고 있음.
- 대만은 대만고속철도 설계 및 시공 이후 철도교 연구를 활발히 수행하고 있으며, 공진소멸효과에 대한 해석적 증명 등 교량-열차 상호작용해석 연구를 수행하였고 최근 지진시 교량-열차 상호작용 연구와 휠-레일 상호작용 연구를 수행 중에 있음.
- 한국에서도 최근 수년 동안 공진해석, 공진소멸 등 교량-열차 상호작용 연구를 수행하여 철도교량의 동적 안정성 해석에 활용하고 있으며, 독자적인 관련 기준을 수립한 바 있음. 다양한 열차시스템에 대한 최적화 및 건설비 저감을 위한 연구 등이 수행되었으며, 최근에는 고성능 재료의 적용, 고내구성 재료의 적용 등에 대한 연구가 초기 단계임.

● (철도교 시공 기술) 한국의 철도교 시공기술은 다양한 교량 형식 및 시공법이 적용된 고속철도의 건설경험을 토대로 세계적으로 인정받고 있는데, 최근의 철도교 시공법 동향은 건설비용 절감, 시공 리스크 저감과 함께 급속시공으로 운영 시점을 앞당길 수 있는 프리캐스트화, 장대화 및 다지간화 추세에 있음[72].

- 철도교 상부 구조물 시공시, 현장 타설공법에 비해 획기적인 공기 단축이 가능한 프리캐스트 급속시공법이 개발되어 적용 중이며, 최근 박스 거더 등 상부구조물 이외의 피어(pier), 코핑(coping), 기초(footing) 등 하부구조물까지 프리캐스트화 추세에 있음.

  * 30m 단경간 PSC박스 거더 기준으로 대표적인 현장타설 공법인 FSM(Full Staging Method)공법 적용시 약 45일의 공기가 소요되나 프리캐스트 공법인 FSLM(Full Span Launching Method)공법 적용시 2일 이내에 시공이 가능함.

- 제한된 공사 기간 내에 장거리의 교량을 가설하기 위해, 장대화 및 다지간화 추세에 있고, 최근에는 급속시공, 조립식시공, 프리캐스트, 프리텐션 등 공법을 적용하기 위한 기술개발이 수행되고 있음.

그림 74. 호남고속철도 PSC 박스거더 가설(FSLM공법)
[출처: 호남고속철도 4-1공구 급속시공 사례를 통해 본 교량공법의 최신동향, 한국콘크리트학회지, 2013]

- (철도터널 시공 기술) 산악지형에서 곡선반경을 일정수준 이하로 줄일 수 없는 선형상의 제약으로 장대 철도터널이 많이 건설되고 있는데, 터널 굴착기술에 대해 세계 주요 나라에서 독자적인 TBM(Tunnel Boring Machine)장비를 보유하고 있는 등 이에 대해 각국에서 많은 연구개발을 해왔고 지속적으로 추진 중에 있음[27].
  - 국외에서는 충분한 터널 굴착 지름과 지반조건을 모두 고려 가능한 터널 굴착 기술 및 장비를 가지고 있으며, 싱글 쉴드뿐만 아니라 더블 쉴드 기술 모두 개발되어 현장에 적용하고 있음. 독일에서는 굴착시 지반이 무너지기 쉬운 낮은 심도에서도 굴착이 가능한 굴착 기술 및 장비를 개발함.
  - 국내에서도 쉴드 TBM 굴착기술 및 장비를 보유하고 있으며, 최근 낮은 심도에서의 저비용의 개착시공기술 개발이 진행 중에 있음.

- (토목구조물 건전성 감시 기술) 최근 국내외에서 레이저 도플러 속도계를 이용한 구조물의 비접촉 진동계측시스템*, 화상장치 또는 무선센서 및 무선통신기술을 활용한 터널 변상 감시시스템, 자이로를 이용한 라이프라인의 지중 위치 측정시스템 등 최신의 센싱·모니터링 기술을 이용하여 토목구조물 건전성 검사의 정량화와 효율화를 도모하는 기술 개발이 활발한 추세임[73].

* 비접촉 진동계측시스템: 'U 도플러'라고도 하며, 레이저 광을 조사(照査)함으로써 구조물의 진동을 비접촉으로 원격 계측하는 시스템으로서, 레이저광의 도플러 효과를 이용하여 운동하는 물체의 속도를 검출하는 레이저 도플러 속도계를 옥외 구조물 계측에 부착하여 구조물의 진동을 계측하는 시스템.

(a) U 도플러

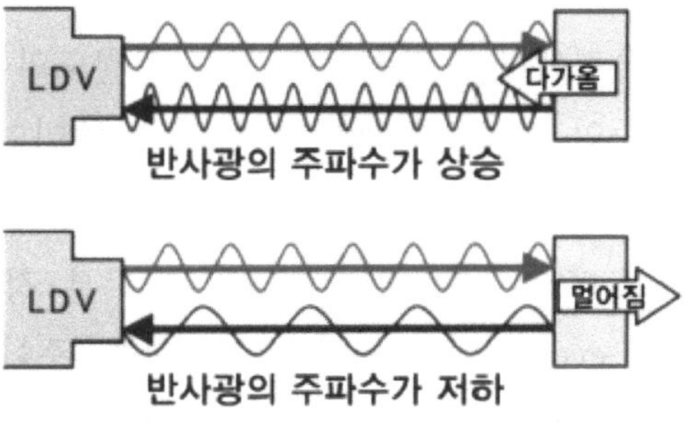


(b) 레이저 계측에서의 도플러 효과

그림 75. 레이저 도플러 효과를 이용한 구조물 진단용 비접촉 진동계측시스템

[출처: 철도 토목구조물의 관리에서 센싱과 모니터링 기술, 한국철도학회, 2012]

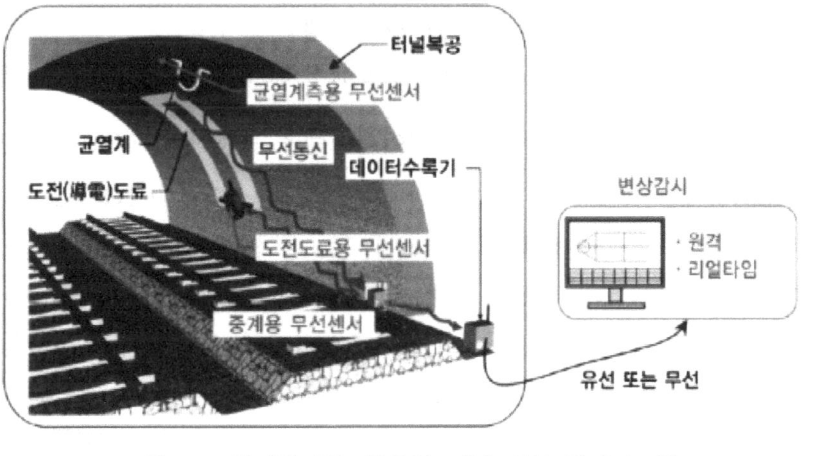


그림 76. 무선센서를 활용한 터널 변상 감시시스템

[출처: 철도 토목구조물의 관리에서 센싱과 모니터링 기술, 한국철도학회, 2012]

## ■ 신호분야

- 유럽에서는 고속철도 및 간선철도의 신호시스템으로 현재 전세계 표준으로 확대 중인 ETCS를 개발하여 적용 중이며[74], ERTMS/ETCS SRS 규격을 준수하여 개발됨.
  - ETCS는 Level1～Level3로 구분·정의되어 있고, 현재 대부분 ETCS Level 1, Level 2 시스템 구축이 진행 중이나, 북유럽에서 이동폐색 원리를 지원하는 Level 3의 일부 기능들을 포함하는 시스템을 구현 중에 있음.
  - 저밀도, 운행회수가 낮은 노선에 적용하기 위하여, ETCS 표준 차상장치의 상호 호환성을 유지하면서 Level 2, Level 3를 기본으로 선로변 장치를 수정·감소시킨 사양인 ETCS-Regional 시스템을 개발하여 시험 중임.
  - 최근에, ETCS에 ATO(Automatic Train Operation) 기능을 추가시키는 연구와 CBTC와 ETCS 표준을 통합하는 연구가 진행되고 있음.

  * ERTMS(European Rail Traffic Management System), ETCS(European Train Control System)

- 중국에서는 ETCS기반의 중국형 열차제어시스템을 구축하였고 CTCS로 명명하였음.
  - CTCS Level 2는 궤도회로를 이용한 고정폐색방식으로 ETCS Level 1에 상응하는 열차제어시스템이며, CTCS Level 3는 무선(GSM-R)방식(음성, 데이터)과 고정폐색 방식의 ETCS Level 2에, CTCS Level 4는 무선(GSM-R)방식(음성, 데이터, 영상)과 이동폐색 방식의 ETCS Level 3에 상응하는 시스템임.
- 국내외 도시철도/경전철 노선에는 IEEE 1474규격을 준수하여 개발되어 운전시격 감소, 수송능력 향상 등의 장점을 갖는 최고속도 110km/h의 무선통신(RF, 2.4GHz ISM Band)기반 이동폐색 방식인 CBTC*시스템이 점차 확대되어 적용되는 추세임.
  - 신호 제작사별로 독자적인 CBTC시스템 보유 중이며, 운영 및 유지보수에 효과적인 무선통신, 이동폐색 방식의 CBTC시스템 적용이 증가하는 추세임.
  - IEEE RTSC(Rail Transportation Standards Committee)에서는 CBTC 워킹그룹을 구성하여 IEEE Std 1474.1TM～1474.4TM의 4가지 CBTC 표준을 개발하여 성능/기능 및 사용자 인터페이스 요구사항, 설계/기능할당 및 기능시험 권장사항을 제시하였음.

  * CBTC(Communication Based Train Control)

표 14. ERTMS/ETCS 기술 특징

[출처: 철도신호시스템 국제 표준화 동향, 현대로템기술연구소, 2014]

| 구분 | 특징 | 신호방식 |
|---|---|---|
| ETCS Level 1 | 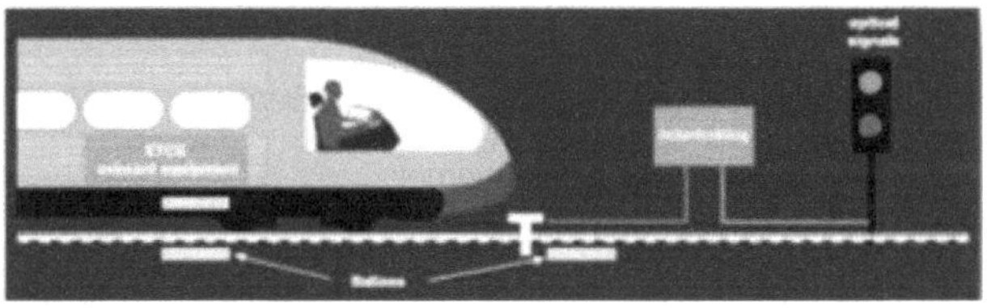<br>기존 신호시스템에 중첩 적용 가능<br>발리스를 통한 이동권한(Movement Authority) 수신<br>궤도회로 또는 차축검지기를 통한 열차 무결성 및 위치 검지<br>차상 ATP, 고정 발리스, 가변 발리스, LEU(가변 발리스 제어기), 궤도회로 | 고정폐색, 200km/h |
| ETCS Level 2 | 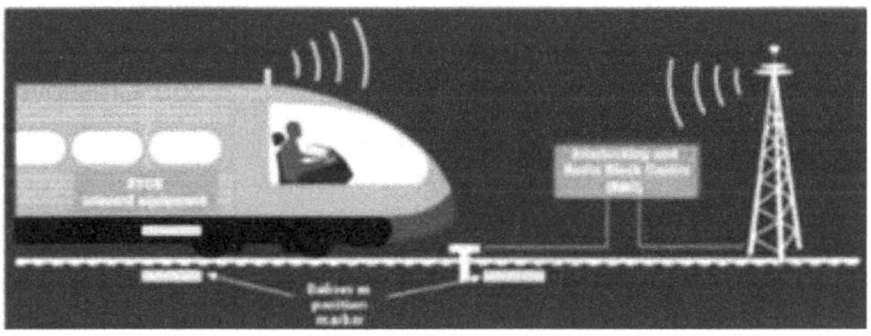<br>선로변 신호기 필요없음(옵션)<br>발리스는 열차위치 보정(position reference)을 위해 사용<br>무선통신을 통한 이동권한 수신<br>궤도회로 또는 차축검지기를 통한 열차 무결성 및 위치 검지<br>차상 ATP, 고정 발리스, 궤도회로, RBC(무선제어센터), 무선 네트워크 | 무선(GSM-R)방식 (음성, 데이터), 고정폐색, 500km/h |
| ETCS Level 3 | 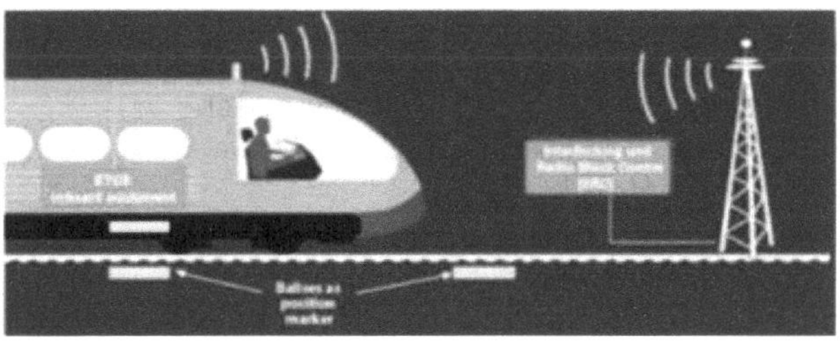<br>궤도회로 필요없음(이동폐색)<br>발리스는 열차위치 보정(position reference)을 위해 사용<br>무선통신을 통한 이동권한 수신<br>차상장치에 의한 열차 무결성 및 위치 검지<br>차상 ATP, 고정 발리스, RBC(무선제어센터), 무선 네트워크 | 무선(GSM-R)방식 (음성, 데이터, 영상), 이동폐색, 500km/h |

표 15. 국외 제작사별 CBTC시스템 개발 현황

[출처: 철도신호시스템 국제 표준화 동향, 현대로템기술연구소, 2014]

| 제작사 | 제품명 | 차-지상 통신 프로토콜 | 열차 절대위치 보정 |
|---|---|---|---|
| Alstom | URBALIS | RF: (독자 프로토콜) IAGO Microwave wave guide | Eurobalise or URBALIS: Unknown |
| Ansaldo STS | CBTC | RF: 802.11 (WiFi) | Beacon |
| Bombardier | CITYFLO | RF: (상용품) Safetran S3 Link Ethernet Radio | Industry Standard Tag |
| GE Signaling | CBTC | RF: EPLRS (독자프로토콜) | Radio Ranging using EPLRS |
| Hyundai-Rotem | CBTC | RF: 개방형 IEEE 802.11 | Industry Standard Tag |
| Nippon Signal | SPARCS | 독자 프로토콜 | Beacon |
| Siemens | Trainguard MT | IL: 독자 프로토콜<br>RF: GSM, Meteor(Air Gap proprietary) | IL: Loop crossover<br>RF: NYCT RF-ID Tag or Eurobalise |
| Thales | Seltrac | RF: 개방형 IEEE 802.11 Alvarion<br>IL: LZB&56kHz carrier 기본 독자 프로토콜 | RF: Industry Standard Tag<br>IL: Loop Crossover |
| Wabtec | CBTM | RF: IEEE 802.11, ATCS 200, 독자프로토콜 | - |

표 16. CBTC Standard (IEEE)

[출처: 철도신호시스템 국제 표준화 동향, 현대로템기술연구소, 2014]

| 구분 | 특징 |
|---|---|
| IEEE Std 1474.1TM 2004 (R2009) | CBTC 성능/기능 요구사항<br>- 1999년 최초 제정, 2004년 무인열차 운전관련 개정, 2009년 개정없이 재확인(re-affirm)<br>- 전 세계적으로 통용되는 표준<br>- PTC(Positive Train Control)에 대한 FRA(Federal Railway Administration) 최종 규정에서 참조 |
| IEEE Std 1474.2TM 2004 (R2009) | CBTC 사용자 인터페이스 요구사항<br>- 2003년 최초 제정, 2008년 개정없이 재확인(re-affirm)<br>- 운영관련 및 유지보수 관련 사용자 인터페이스 제공<br>- PTC(Positive Train Control)에 대한 FRA(Federal Railway Administration) 최종 규정에서 참조 |
| IEEE Std 1474.3TM 2004 (R2009) | CBTC 설계 및 기능할당을 위한 권장사항<br>- 2008년 9월 최초 제정<br>- 개별 CBTC 서브시스템에 대한 기능 요구사항을 할당하는데 최신의 기술 및 최적의 사례를 제공<br>- 더 나은 CBTC시스템 구조/운영 원리를 이해하기 위한 유용성 제공 |
| IEEE Std 1474.4TM 2004 (R2009) | CBTC 기능시험 권장사항<br>- 2011년 9월 최초 제정<br>- 시험 효율성 및 효과를 극대화하기 위한 CBTC시스템 off-site/on-site 기능 시험범위 및 절차를 정의 |

- 국내에서는 2014년 IEEE 1474규격을 준수하여 무선통신기반 이동폐색 방식의 한국형 CBTC시스템인 KRTCS(도시철도용)*를 개발하여 검증 시험을 완료함.

  * KRTCS: Korea Radio based Train Control System

  - WiFi(2.4GHz ISM band) 기반에서의 KRTCS(도시철도용) 성능 검증(운행최고속도 94km/h) 및 LTE(700MHz) 기반에서의 철도통신시스템 성능 검증(운행최고속도 160km/h)[75,76]

- 또한, 최근 일반·고속철도용 열차제어시스템인 KRTCS(일반·고속선용) 개발 사업을 착수하여, 350km/h급 운행열차까지 LTE-R* 무선을 이용하여 실시간으로 열차 위치를 파악하고 자동으로 속도를 가·감속하여 선로용량과 안전도를 향상시킬 수 있는 열차제어시스템 개발을 추진 중임.

  * LTE-R(Long Term Evolution-Railway): 4세대 무선통신기술인 LTE를 철도에 접목한 기술로서, 무선통신 기능을 포함하여, 열차제어를 위한 QoS 제어 기능, 네트워크 및 커버리지 이중화 기능, 철도전용 음성신호처리 기능, 열차관제를 위한 철도전용 음성통화 기능을 갖는 통신방식

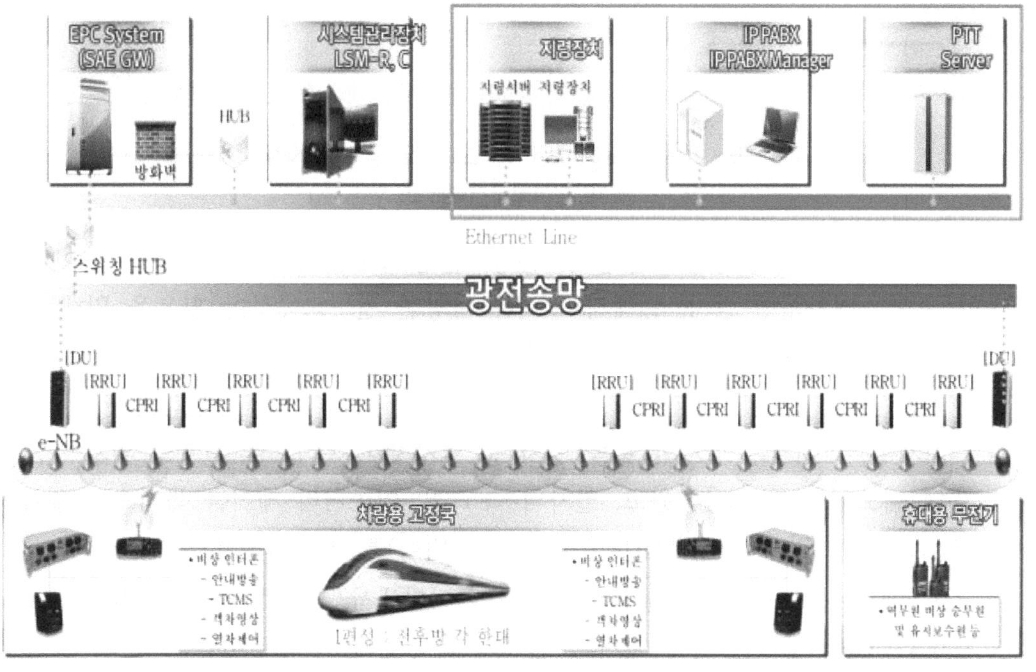


그림 77. 차세대 철도전용 무선통신망(LTE-R)

[출처: 한국철도시설공단]

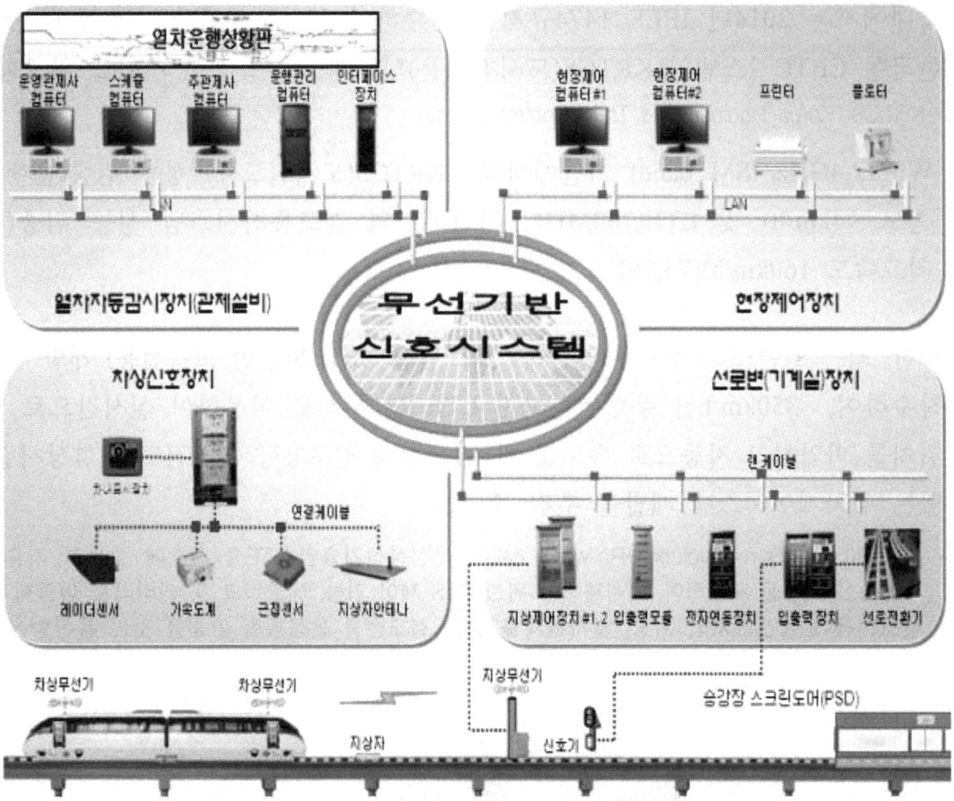


그림 78. 한국형 열차제어시스템(일반·고속용 KRTCS)

[출처: 한국철도시설공단]

- 한편, 최근 철도의 운행밀도 향상 및 운영효율성 증대를 위한 열차제어뿐만 아니라, 화물운송, 열차운행 감시, 승객서비스 등 다양한 철도교통분야 활용을 위해 보다 더 정확하고, 신뢰성 있는 열차 위치검지기술에 대한 연구가 활발히 추진되고 있는 추세임.
  - 열차제어분야에서는 열차의 충돌 방지 등 열차방호 목적으로 열차의 위치 검지를 위해 궤도회로*를 이용해왔고, 열차의 속도 및 이동거리 제어를 목적으로 열차의 속도 검지를 위해 차륜센서(타코미터, 오도미터)를 이용해오고 있음.
  - ETCS에서는 궤도회로, 차륜센서, 도플러레이더센서, 발리스(Balise), RBC (Radio Block Center)를 이용하여 열차의 위치와 속도를 검지하고 있음.
  - CBTC시스템에서는 UHF(900MHz) 대역의 RFID* 기술을 적용하여, 선로상에 설치된 TAG(트랜스폰더) 정보를 전송받아 차량의 위치를 검지하고 있음.

* 궤도회로(Track Circuit): 레일을 전기회로의 일부로 사용하여 회로를 구성하고, 차량의 차축에 의해 레일 사이를 단락함에 따라 열차 유무를 검지하여 신호기, 선로전환기, 연동장치 등의 신호기기를 직·간접적으로 제어하는데 활용
* 발리스(Balise): RFID기술을 이용한 위치 보정 및 열차제어정보를 제공하는 장치로서, 위치보정용 기준위치와 터널, 교량, 절연구간, 선로구배 등 고정정보를 열차로 송신하는 고정 발리스와 열차 제어정보(이동권한)를 열차로 송신하는 가변 발리스로 구분
* RFID: 고유정보를 탑재한 RFID TAG(트랜스폰더)와 트랜스폰더내 고유정보를 판독하는 RFID 리더로 구성되며, RFID 트랜스폰더가 일정간격으로 선로 중심에 설치되고 RFID리더가 탑재된 열차가 통과할 때 RFID 탑재 정보를 판독하여 선로상 기준 위치정보를 파악

- 국외 열차 위치검지기술은 국내와 유사하게 궤도회로와 차륜센서에 기반한 위치검지기술이 적용 중에 있지만, ETCS(Lv.3)와 CBTC와 같은 차상기반 열차 제어시스템 개발·적용에 따라 궤도회로와 같은 지상설비를 통한 위치 검지가 아닌 차상에서 열차 위치를 확인하는 차상위치검지기술이 개발 중에 있으며, 항공, 해양, 국방 등 타분야에서 적용하는 위성항법·관성항법·RFID 등의 기술을 융합하여 차상위치검지의 정확성과 신뢰도를 높이는 것을 목표로 개발이 진행 중임[77].
- 국내에서도 현재 400km/h의 속도에서도 ±1m 이하의 정확성을 갖는 것을 목표로 철도위치 정보의 정확성과 활용성 증대가 가능하도록 차상중심 위치검지시스템 개발을 진행 중임[77].

## ■ 통신분야

● 국내외에서 철도운행의 안전성 강화와 철도 서비스 고도화를 위해 철도 무선통신의 광대역화 및 철도 신호와의 통합화 추세이나, 국내의 철도통신시스템은 대부분 유선망으로 구축되어 있고, 일부 무선통신시스템으로 구축된 경우에는 노선별로 무선통신 방식이 상이한 관계로 철도의 안전 확보 및 운영 효율성 향상을 위해 전용 주파수를 활용한 국가 철도 통합무선망 구축을 추진 중에 있음[78].

- 국외에서는 4세대 이동통신방식인 LTE 통신 시스템을 높은 안정성과 신뢰성을 요구하는 철도라는 특수한 환경에 맞게 최적화 작업을 진행 중에 있고, 글로벌 시장 개척 및 철도기술 선도라는 관점에서 많은 철도 통신 및 장비업체가 차세대 철도 통합무선망을 국제적 표준으로 확대하고 있는 추세임[78].

표 17. LTE/LTE-R간의 기능 및 성능 비교

[출처: 차세대 철도 통합무선망 기술 및 표준화 동향, 한국철도학회, 2013]

| Function/Performance | LTE | LTE-R | Note |
|---|---|---|---|
| Speed | 350 km/h | 500 km/h | |
| Railway voice service | Not available | Group call, Broadcast call, Railway Emergency call | IMS based |
| Railway call process | Not available | FA, LDA, Fast call setup | IMS based |
| Network | Public network | Dedicated network | IP based |
| Duplicate cell coverage | Not available | LTE based duplicated cell coverage scheme | |
| QoS for mission critical application | Not available | QoS control for railway application | |

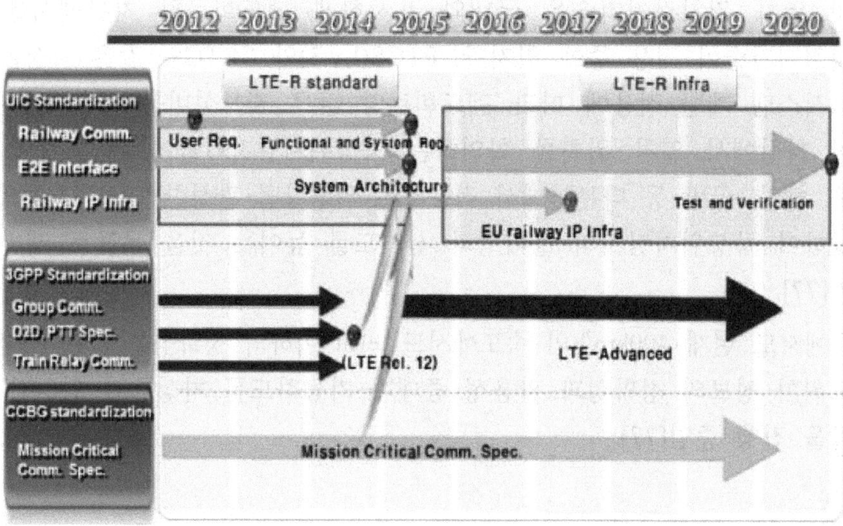


그림 79. 유럽의 LTE-R 표준화 및 구축 일정

[출처: 차세대 철도 통합무선망 기술 및 표준화 동향, 한국철도학회, 2013]

- UIC 기술보고서(2009년)에서 LTE방식이 미래의 철도 통신방식에 비교적 적합하며 철도에서 요구되는 다양한 요구조건을 만족하지만, 철도전용 음성 통화 기능, 열차제어를 위한 QoS(Quality of Service)제어, 350km/h이상의 고속 이동에서의 무선 통신 성능 등 철도 통신만을 위한 추가적인 연구가 필요하다고 지적함. 이에 따라, UIC에서는 2010년부터 차세대 철도 통신

  시스템 연구를 진행 중에 있으며, 2020년까지 LTE-R에 대한 실현 가능성 검증, 기존 시스템 및 장비와 차세대 철도 통신시스템간 상호호환성 검증, 차세대 철도 인프라 구축을 완료하고, GSM-R에서 LTE-R로 미래 철도 통신시스템 향상 작업을 추진키로 방침을 수립함[78].

- 국내 철도 통신망은 대부분 유선으로 구현되어 있고 일부 무선으로 구현되어 있는데, 무선통신망의 경우 3원 체계(VHF/TRS-ASTRO/TRS-TETRA)가 혼재되어 비효율적으로 운용 중인 관계로 2012년 국토교통부에서 '국가철도망 구축 기본계획' 수립시 LTE기반의 차세대 철도 통신망 구축안을 제시하였고, 이를 토대로 2014년에 미래부에서 700MHz 주파수 대역을 재난, 해양과 함께 철도(LTE-R)에 공공통신망으로 할당함으로써 현재 음성, 영상뿐만 아니라 열차제어와 각종 데이터 전송이 가능한 철도전용 통합무선망 구축을 추진 중에 있으며, 안전한 열차운행을 위한 실시간 열차상태 모니터링과 열차제어, 철도 주요설비 모니터링, 철도 지령망, 열차운행 및 유지관리, 철도 이용자를 위한 열차운행정보 제공, 화물열차의 화물 이력 추적 및 정보관리 등에 활용이 가능함[79,80]

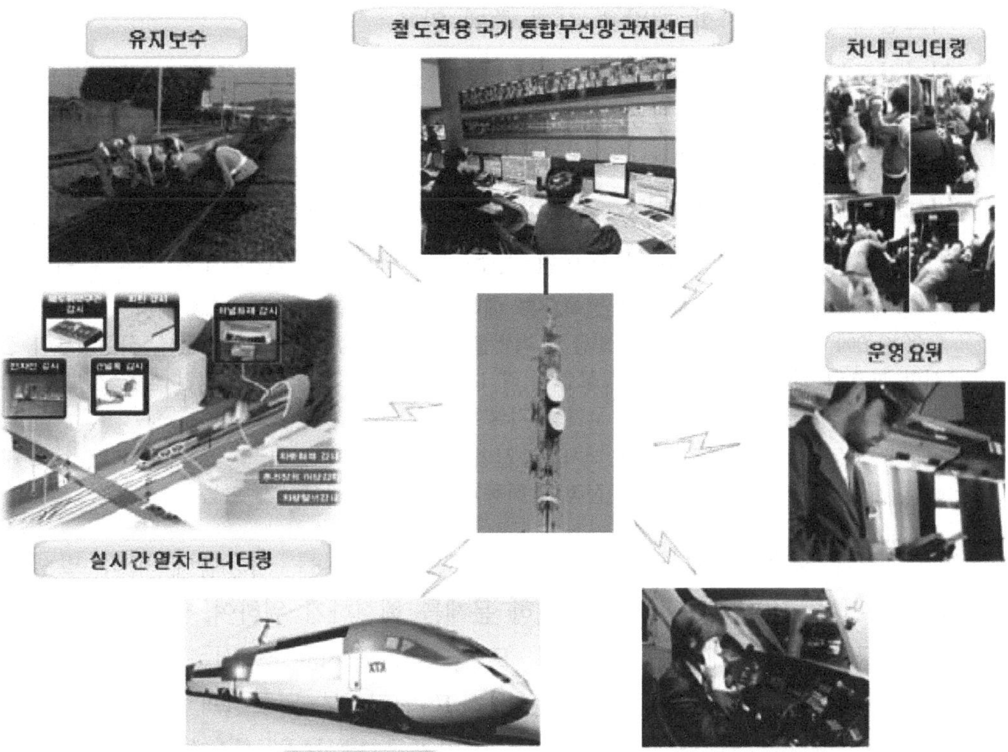


그림 80. 철도전용 통합무선망의 활용

[출처: 철도전용 통합무선망 국내외 동향, 한국철도학회, 2012]

## ■ 전기·전력분야

- 국내에서는 전력설비, 보호계전기 등 급전설비에 대한 국산화 개발을 추진하였고, 고속화에 따른 고속전차선로에 대한 국산화 개발이 활발히 추진 중임.

- 전철변전소 통합형 급전제어시스템 국산화와 함께, 해외 의존도가 높았던 변압기, 금구류 등 급전시스템에 대한 국산화 개발을 추진하여 2010년 경부고속철도 개통시 국산화율이 69%였던 금구류 등 153개 품목에 대한 국산화를 2010년에 완료하였음[81].

- 현재 430km/h급 차세대고속철도 등 열차속도 향상에 맞추어 전차선로 가선시스템 및 금구류에 대한 국산화 개발이 지속적으로 추진 중에 있고, 현재 독일, 프랑스, 일본 등 해외 제품에 전량 의존하고 있는 교류 전기철도 급전용 보호시스템에 대한 국산화 개발을 진행 중에 있음.

- 전기철도는 전력을 동력원으로 대규모 수송을 담당하는 주요 교통수단으로서, 수송량 증가로 인하여 부하전류가 증가하더라도 급전계통의 안전성과 신뢰성이 매우 중요하며, 국외에서는 최적화된 급전계통 보호를 위한 CIM*기반의 전력계통 실시간 감시·제어기술과 IEC61850 통신시스템과 연계된 변전소 자동화* 중심으로 시스템 통합 및 상호호환·운용 기술에 대한 연구 개발 움직임이 있음.

* CIM(Common Information Model): 전력계통 에너지관리시스템 개발을 위해 제시된 국제 표준인 IEC61970에 기반을 둔 객체지향 모델링 기법을 사용한 공통 데이터 모델로서, 급전계통의 전반적인 보호의 신뢰성 및 안정성 향상을 위해 다양한 보호기기간의 안정적인 상호 정보교환으로 보호협조가 가능한 통합 시스템 구현을 가능하게 함.

* 변전소 자동화: 단위 변전소별로 디지털계전기를 적용한 변전설비 및 시설물 보안장치를 구축하여, 신속하고 정확한 설비의 운전정보 취득과 실시간 감시제어가 가능

- 현재 국내 일반철도에서 사용 중인 스코트 변압기를 이용함에 따라 발생하는 전압 불평형, 전압강하, 전력품질 저하 문제를 해결하기 위하여, 국외에서는 능동형 전력공급 기술*을 개발하는 추세임. 또한, 국내 도시철도에서는 일반적으로 다이오드 정류방식의 전력공급 방식을 사용하고 있고, 부산4호선의 경우 해외 제품에 전량 의존한 더블컨버터 방식의 능동 전력공급 방식*을 사용하고 있음.

* 능동형 전력공급 기술: 3상의 송전교류전압을 수전하여 정류기를 통해 직류전압으로 변환시키고, 변환된 직류전압을 단상인버터를 사용하여 단상의 교류전압을 발생하는 기술

* 더블컨버터 방식 능동 전력공급 방식: 다이오드 정류방식 수동 전력공급 방식에서는 부하량에 따른 전력공급량 조정이 불가한 데, 이러한 비효율적인 전력공급 문제를 해결 가능하고 별도의 에너지저장장치 없이 회생에너지 활용이 가능한 기술임.

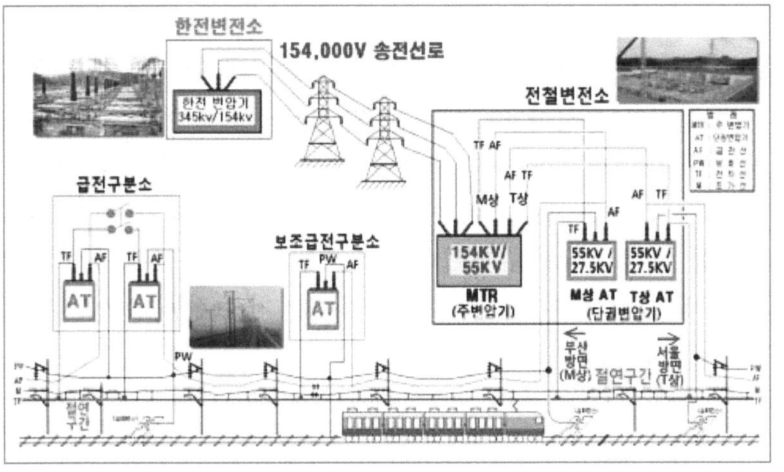


그림 81. 일반/고속철도 급전 계통 [출처: 한국철도공사, 82]

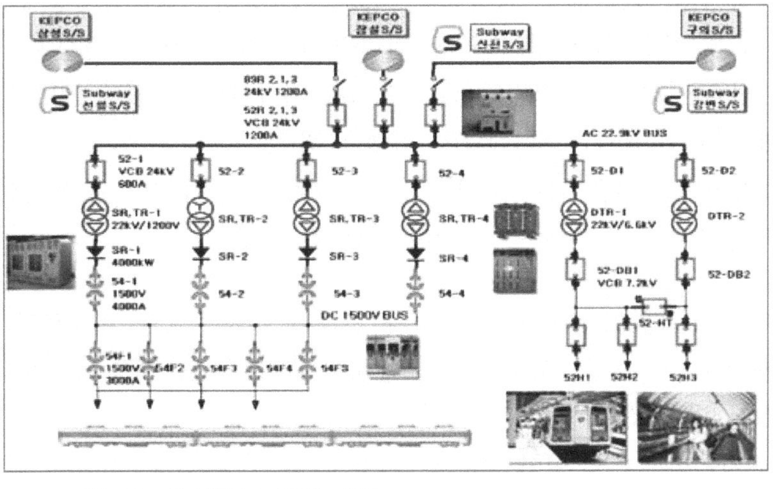


그림 82. 도시철도 급전 계통 [출처: 서울메트로 기술연구원, 83]

- 국내외에서 접촉식 철도전력공급 방식 대비 철도안전 및 도시미관을 향상시키고 지하구간 건설비 및 유지보수비 절감 효과가 있는 무선급전 방식에 대한 기술 개발이 활발히 추진 중임.
  - 독일에서 경전철 및 400km/h 고속철도의 무선급전 전력공급 방식에 대한 연구개발을 진행 중이고, 국내에는 무선급전 원천기술 확보를 추진 중에 있고 이를 기반으로 경전철(1MW) 무선 전력공급기술에 대한 연구개발을 진행 중에 있으며, 지속적으로 중전철(4MW) 및 고속철도(11MW) 무선급전 전력공급기술에 대한 연구개발 추진할 계획임.

- 국내외에서 효율적인 에너지 활용을 위한 차상 및 지상에서의 회생에너지 활용기술, 피크전력 저감을 위한 신재생에너지 활용 기술 등 전력효율화 기술개발이 진행 중임.
  - 국내에서 가선전압 안정화 및 전력 품질 개선을 목적으로 저에너지밀도형 슈퍼커패시터* 및 지상(변전소) 에너지저장시스템을 개발하였으나, 선로 손실 및 슈퍼커패시터 용량 제한 등 기존 에너지저장기술의 한계가 발생하여, 고전압·고에너지밀도형 High-speed 슈퍼커패시터 개발과 선로 손실없이 차량 내부에서 에너지 저장 및 공급 에너지 충·방전이 가능한 차상(전동차) 에너지 저장시스템에 대한 개발이 진행 중임.

  * 슈퍼커패시터(Supercapacitor): EDLC(Electrochemical Double Layer Capacitor)라고도 불리는 초고용량 커패시터로서, 일반 커패시터(콘덴서)에 비해 높은 용량과 에너지 밀도를 가지며, 배터리에 비해 더 높은 전력 밀도를 갖는 전기화학적 에너지 저장 디바이스

  - 전력 사용량이 많은 철도 역사에서 피크전력저감을 위해 신재생에너지원, 회생에너지원 및 폐열 활용 등 다양한 전력원 활용기술, 전력저장장치 연계형 회생에너지 전력변환시스템, 그리고 철도 에너지 최적 활용을 위한 에너지 관리시스템 개발 등 전력 효율화 기술 개발이 진행 중임.
  - 철도 피크전력 저감을 위해 변전소내 피크전력저감장치 및 능동형 고조파필터 등 고조파저감장치 국산화 기술 개발이 진행 중임.

- 국내외에서 고속철도망의 확충에 따라 방대한 전차선로의 효율적인 유지보수를 가능하게 하여 전차선로 장애 및 사고발생에 대비한 사전 예방보수가 가능한 전기검측 기술개발이 진행 중임.
  - 일본, 이탈리아에서는 열차 주행중 전차선 마모, 습동면, 시설물 변형 등 전차선로 자동검측 기술을 확보하고 있으며,
  - 국내에서도 현재 고속철도 전차선로에 대한 차상 전기검측시스템 및 자동화 진단 기술 개발이 진행 중에 있고, 전철보수장비에 대한 연구개발 추진 계획임.
  - 또한, 국내에서는 철도 속도향상에 따라 선로변에서 전차선로의 전기적 결함 탐지와 전차선로의 장력 및 이상상태를 실시간으로 모니터링이 가능한 기술을 개발 중에 있음.

# 제3장 미래 철도기술 발전방향 및 중점추진기술

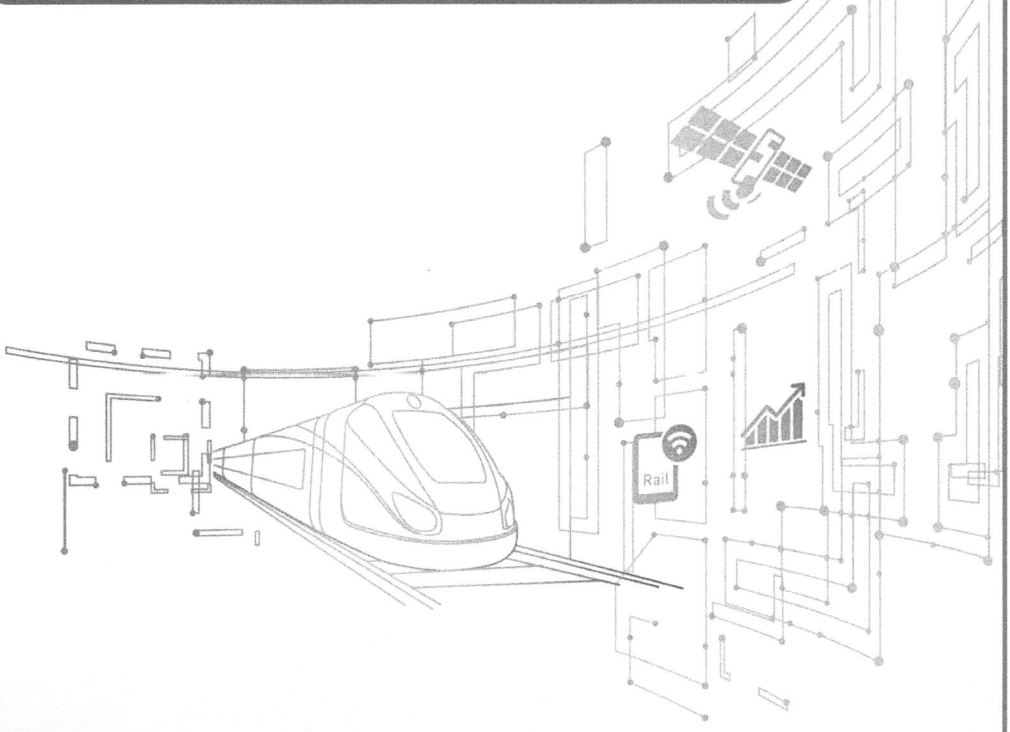

미래철도 전망 2040

# 제3장 미래 철도기술 발전방향 및 중점추진기술

## 제1절 미래 철도기술 발전방향

■ **미래 7대 메가트렌드 전망에 따른 철도교통에서의 변화 분석과 함께 우리나라 국가 상위계획 및 국내외 철도R&D 정책을 분석하여, '안전성', '지속가능성', '수송효율성', '편리성', '경제성'의 5대 미래 철도기술 발전방향을 도출함.**

### ■ 철도기술 발전방향①: 안전성

- 미래 메가트렌드로서 기후변화에 따른 재해·재난의 증가, 국제적 민족간 갈등, 서구와 이슬람 대결 등 종교·문화 차이에 따른 세계적 갈등과 분쟁의 지속 증가가 예상되는 가운데, 남북 및 대륙철도 연결, 글로벌 사회의 인력·자원의 글로벌 수송으로 인해 다중 이용자가 이용하는 철도교통의 보안과 안전을 보장할 수 있는 기술의 발전이 중요시 될 것으로 판단됨.

- 또한, 첨단 과학기술 기반의 대용량·고밀도·고속화 수송 시대에 대비하여 단 한번의 사고에도 엄청난 인명·재산 피해를 가져올 수 있으므로 ICT·인공지능 융복합 기술 기반의 보다 안전하게 수송할 수 있는 철도기술의 발전이 필수적임.

- 한편, 우리나라 국가 상위계획 및 철도R&D 정책으로서, 제4차 국토종합계획(2011-2020)의 '안전한 국토공간 조성', 제2차 국가기간교통망계획(2001-2020)의 '교통안전·재난대응·보안검색 체계 강화', 제2차 철도산업발전기본계획(2011-2015)의 '세계 최고수준의 철도안전 확보', 제3차 국가교통기술개발계획(2014-2018)의 '안전한 교통체계 확립', 2013년 국토교통R&D 정책(2014-2018)의 '철도 안전 향상', 제3차 과학기술기본계획(2013- 2017)의 '걱정없는 안전사회 구축'이 중점추진분야로 채택 되었고,

- 국외 철도R&D 정책으로서, 유럽연합 TEN-T & Transport Management의 '신뢰성 높은 유럽 통합철도시스템 구축을 위한 기술적 상호 운영성(유지보수, 안전 측면) 개선', ERRAC(유럽철도연구자문위원회) Strategic Rail Research Agenda 2020의 '안전과 표준화(시험·인증)', 영국 HLOS1 & HLOS2 기술발전계획(2009-2019)의 '더 안전하고, 더 신뢰성 있는 철도', 프랑스 PREDIT3 & PREDIT4의 '수송품질 및 안전', 독일 Mobility and Transport 연구프로그램의 '안전과 보안', 일본 Research Map 2009의 '안전한 철도'가 중점 추진분야로 채택되는 등 모든 국가에서 '안전'을 최우선 정책으로 채택하는 등 미래철도기술의 최우선 방향이라 할 수 있음.

## ■ 철도기술 발전방향②: 지속가능성

- 미래 메가트렌드로서 지구온난화의 심화, 환경오염의 증가에 따른 온실가스 배출 규제 강화 및 우리나라의 2020년 의무 탄소배출 감축 대상국 편입, 석유 등 에너지·자원 수요 증가에 따른 공급 부족 등으로 첨단 과학기술 기반 하에 에너지 효율적이고 친환경적인 철도교통 기술의 발전이 요구되고 있음.

- 한편, 우리나라 국가 상위계획 및 철도R&D 정책으로서는, 제4차 국토종합계획(2011-2020)의 '자연친화적인 국토공간 조성 및 녹색교통 통합 네트워크 구축', 제2차 국가기간교통망계획(2001-2020)의 '저탄소 녹색성장형 교통체계 구축', 제2차 국가철도망 구축계획(2011-2020)의 '녹색 철도물류체계구축', 제3차 국가교통기술개발계획(2014-2018)의 '친환경 교통체계 확립', 제3차 과학기술기본계획(2013-2017)의 '깨끗한 환경 조성'이 중점추진분야로 채택되었고,

- 국외 철도R&D 정책으로서, 유럽연합 TEN-T & Transport Management의 '폐인프라의 재활용', ERRAC(유럽철도연구자문위원회) Strategic Rail Research Agenda 2020의 '에너지 및 환경', CER/UIC(유럽철도연합/국제철도연맹) 철도 2030-2050 환경정책전략의 '그린 에너지, 에너지효율성, 전철화 확충 및 저탄소 추진기술', 영국 HLOS1 & HLOS2 기술발전계획(2009-2019)의 '탄소를 줄이고, 광범위한 환경성과를 개선하는 철도', 프랑스 PREDIT3 & PREDIT4의 '에너지 및 환경', 독일 Mobility and Transport 연구프로그램의 '환경 친화적인 철도 및 지속가능형 교통시스템을 위한 건강·환경·자원 보호', 일본 Research Map 2009의 '친환경 철도'가 중점 추진분야로 채택되는 등 모든 국가에서 '안전'과 함께 최우선 정책으로 '에너지 및 환경'을 채택함.

## ■ 철도기술 발전방향③: 수송효율성

- 미래 메가트렌드로서 향후 지속적인 도시인구의 증가로 도시간 이동 수요의 증가가 예상되고, 글로벌 경제사회 속에 세계시장의 통합에 따른 인력이동의 글로벌화로 화물을 포함한 국가간 이동 수요의 증가가 예상되며, 이로 인해 첨단 과학기술 기반 하에 대용량·고밀도·고속화의 보다 효율적으로 수송할 수 있는 철도기술의 발전이 필요함.

- 우리나라 국가 상위계획 및 철도R&D 정책으로서, 제4차 국토종합계획(2011-2020)의 '초국경적 국토경영기반 구축', 제2차 국가기간교통망계획(2001-2020)의 'KTX 중심 철도 고속화, 철도 중심 물류 네트워크 및 대륙연결·남북교통망 구축', 제2차 국가철도망 구축계획(2011-2020)의 '전국 주요거점 고속 KTX망 연결 및 대도시권 30분대 광역·급행 철도망 구축', 제2차 철도산업발전기본계획(2011-2015)의 'KTX 중심의 국가철도망 구축', 제3차 국가교통기술개발계획(2014-2018)의 '신속한 교통체계 확립'이 중점추진분야로 채택되는 등 국내에서는 '고속화'에 초점을 둔 철도 정책을 수립한 반면,

- 국외 철도R&D 정책에서는, 유럽연합 TEN-T & Transport Management의 '철도 중심의 범유럽 교통네트워크 계획 수립, 철도용량 극대화, 유럽철도 상호 운영성', ERRAC(유럽철도연구자문위원회) Strategic Rail Research Agenda 2020의 '인프라: 교통용량 증대', 영국 HLOS1 & HLOS2 기술발전계획(2009-2019)의 '여객·화물 수송용량 2배 증대, 고용량 전철화, 해운과 항공의 철도연결 개선', 프랑스 PREDIT3 & PREDIT4의 '수송기술, 물류 및 화물운송, 수송정책', 독일 Mobility and Transport 연구프로그램의 '철도를 통한 화물수송 증대, 빠른 철도서비스', 일본 Research Map 2009의 '고효율 에너지형 철도'가 중점 추진분야로 채택되는 등 모든 국가에서 '고속화'보다는 '대용량·고효율 수송'에 초점을 둔 철도 정책을 채택함.

- 이에, 보다 효율적인 수송 측면이 고려된 철도의 대용량·고밀도·고속화 수송이 이루어지도록 미래 철도R&D 추진 방향으로 '수송효율성'을 선정함.

## ■ 철도기술 발전방향④: 편리성

- 우리나라는 2000년 고령화 사회에 진입하여 2030년에는 4명 중 1명, 2040년에는 3명 중 1명꼴로 65세 이상 고령자이고, 14세 미만 어린이와 임산부, 장애인 등을 포함한다면 교통약자는 전체의 절반이 넘을 것으로 예상되며, 이용자의 이동·환승 편의, 고품질의 교통서비스 등 이용자가 철도 및 이와 연계된 대중교통을 보다 더 편리하게 이용할 수 있도록 철도기술이 발전해야 할 것으로 판단됨.

- 우리나라 국가 상위계획 및 철도R&D 정책으로서, 제4차 국토종합계획(2011-2020)의 '쾌적하고 문화적인 도시환경 조성', 제2차 국가기간교통망계획(2001-2020)의 '교통수단간 연계환승체계 강화 및 교통약자 서비스 강화', 제2차 국가철도망 구축계획(2011-2020)의 '편리한 철도 이용환경 조성', 제3차 국가교통기술개발계획(2014-2018)의 '편리한 교통체계 확립', 2013년 국토교통R&D 정책(2014-2018)의 '철도 편의 향상', 제3차 과학기술기본계획(2013-2017)의 '편리한 환경 조성'이 중점추진분야로 채택되었고,

- 국외 철도R&D 정책에서는, ERRAC(유럽철도연구자문위원회) Strategic Rail Research Agenda 2020의 '지능형 이동수단', 영국 HLOS1 & HLOS2 기술발전계획(2009-2019)의 '보다 다양하고, 번창하고, 인구증가를 유도하는 철도', 프랑스 PREDIT3 & PREDIT4의 '이동성 서비스', 독일 Mobility and Transport 연구프로그램의 '지능형 교통네트워크 및 빠르고 안락한 철도서비스', 일본 Research Map 2009의 '편리하고 쾌적한 철도'가 중점 추진분야로 채택되는 등 주요 국가에서 이용자의 편리한 철도 이용에 초점을 둔 정책을 추진함.

## ■ 철도기술 발전방향④: 경제성

- 인구의 도시 집중화에 따른 도시인구의 증가로 지하·지상·고가 등 제한된 도시 공간을 입체화하여 보다 효율적인 공간 활용 요구가 증대되고 있어 이에 대비한 보다 경제적인 철도인프라 건설 및 구축 기술의 발전이 필요함.

- 글로벌 경제사회 속에 철도차량, 인프라 건설 등 세계철도시장의 수주 경쟁이 더욱 치열해질 것으로 예상되어 우리나라가 강점이 될 수 있는 철도차량 제작, 고부가가치형 철도부품의 생산 및 철도인프라 건설·구축 기술의 발전이 요구됨.

- 철도에서도 타 분야 기술과의 융복합 트렌드 속에, Big-data, 나노 등 복합 신소재, 인공지능(AI), 철도인력의 능력을 강화·대체할 로봇 기술의 철도분야 적용으로 보다 더 효율적이고 경제적인 철도시스템 구축·운영이 가능하도록 하는 철도기술의 발전이 전망됨.

- 우리나라 국가 상위계획 및 철도R&D 정책으로서, 제2차 철도산업발전기본계획(2011-2015)의 '철도운영 부문의 경쟁력 제고, 철도제조업 육성 및 기술개발 촉진, 해외 철도시장 진출 확대', 제3차 국가교통기술개발계획(2014-2018)의 '국가 경쟁력 강화를 위한 교통기술 획보, 비용절감형 고효율 융복합 기술개발체계 구현', 2013년 국토교통R&D 정책(2014-2018)의 '철도 건설·운영비 절감'이 중점추진분야로 채택되었고,

- 국외 철도R&D 정책에서는, 유럽연합 TEN-T & Transport Management의 '유지보수 최적화·효율화·자동화', ERRAC(유럽철도연구자문위원회) Strategic Rail Research Agenda 2020의 '전략 및 경제성, 고효율 유지보수 및 유지보수 프리', 프랑스 PREDIT3 & PREDIT4의 '수송산업 경쟁력', 일본 Research Map 2009의 '저비용 철도'가 중점 추진분야로 채택되는 등 주요 국가에서 철도산업 경쟁력 강화를 위한 저비용 철도 구축·운영에 초점을 둔 정책을 추진함.

### 표 18. 미래 메가트렌드에 따른 철도교통의 변화 동인

| 메가트렌드 | 트렌드 | 미래 철도교통의 변화 동인 |
|---|---|---|
| 인구구조 및 사회환경의 변화 | 저출산·고령화 사회 | ▪ 교통약자가 전체 인구의 50% 이상 전망<br>▪ 교통약자의 이동·환승 편의 서비스 의무 강화<br>▪ 고품질의 교통서비스 요구 강화<br>▪ 편리한 대중교통 연계 이용 |
| | 도시인구의 증가 | ▪ 도시의 고밀도화로 도로교통 혼잡 극심화<br>▪ 도시공간의 입체화를 통한 효율적 공간활용 요구 증대<br>▪ 도시환경에 부합하는 친환경 철도교통수단의 등장 |
| | 라이프 스타일의 변화 | ▪ 삶의 질 향상, 다양한 레저·여가 문화 지속 확산<br>▪ 단순 이동수단의 철도 개념 탈피 |
| 과학기술의 발전 | 첨단 국토교통 기술 | ▪ PRT 등 자율주행 개인교통수단의 보편화<br>▪ 철도와 타 교통간 다차원의 Multimodal 교통수단 등장<br>▪ 초고속 열차의 대륙간 철도 연결 |
| 기술 융복합 | ICT기술의 발달 | ▪ Big-data 활용 확대<br>▪ 사물인터넷(IoT) 기술의 확대·보편화<br>▪ 증강현실(AR), 가상현실(VR) 기술의 철도 접목 |
| | 나노기술의 발달 | ▪ 형상기억, 나노 신소재 등의 철도 접목 |
| | 로봇기술의 발달 | ▪ 인공지능(AI) 기술의 철도 접목<br>▪ Wearable 로봇, 유지보수용 로봇 등장으로 철도인력의 능력 강화 및 대체 |
| 글로벌 경제사회 | 세계시장의 통합 | ▪ 철도분야 국제 표준화 확대<br>▪ 철도차량, 건설 등 세계 철도시장 수주 경쟁 치열 |
| | 인력이동의 글로벌화 | ▪ 글로벌 거버넌스 체계 확립 및 다국적 인재 등용으로 글로벌 이동 수요 증가<br>▪ 전세계 일일생활권 보편화에 대응한 교통수단 등장 |
| 지구온난화 및 기후변화 | 지구온난화 심화 | ▪ 기후변화에 따른 철도 재난·재해 대응 요구 강화<br>▪ 철도분야 온실가스 배출량 의무 규제 |
| | 환경오염의 증가 | ▪ 환경오염 저감 소재 활용 등 철도차량·인프라의 환경영향 최소화 요구<br>▪ 철도분야 폐자재 의무 재활용 |
| 에너지·자원 부족 | 에너지·자원 수요의 증가 | ▪ 철도분야 신재생에너지 활용 확대<br>▪ 석유 등 화석연료 대체 에너지원의 철도 활용 |
| | 물·식량 부족의 심화 | ▪ 물·식량 부족 심화에 따른 국가간 분쟁·갈등 심화로 테러 등 위험 증가 |
| 안보 및 안전 | 재해·재난 대비 | ▪ 국제질서 다극화로 다중교통이용수단 테러위험 증가<br>▪ 고속화에 따른 사고시 대규모 인명·재산 피해 우려<br>▪ 지진 등 자연재난 위험 증가로 철도분야에서의 대비 강화 요구 |
| | 한반도 통일 시대 | ▪ 남북 및 대륙철도 연결에 대비한 철도보안 문제 대두 |

- 상기의 미래 메가 트렌드에 따른 철도교통의 변화 동인과, 우리나라가 지향해야 하는 철도기술의 5가지 발전 방향인 ‘안전성’, ‘지속가능성’, ‘수송효율성’, ‘편리성’, ‘경제성’ 간의 상관관계를 아래와 같이 나타냄.

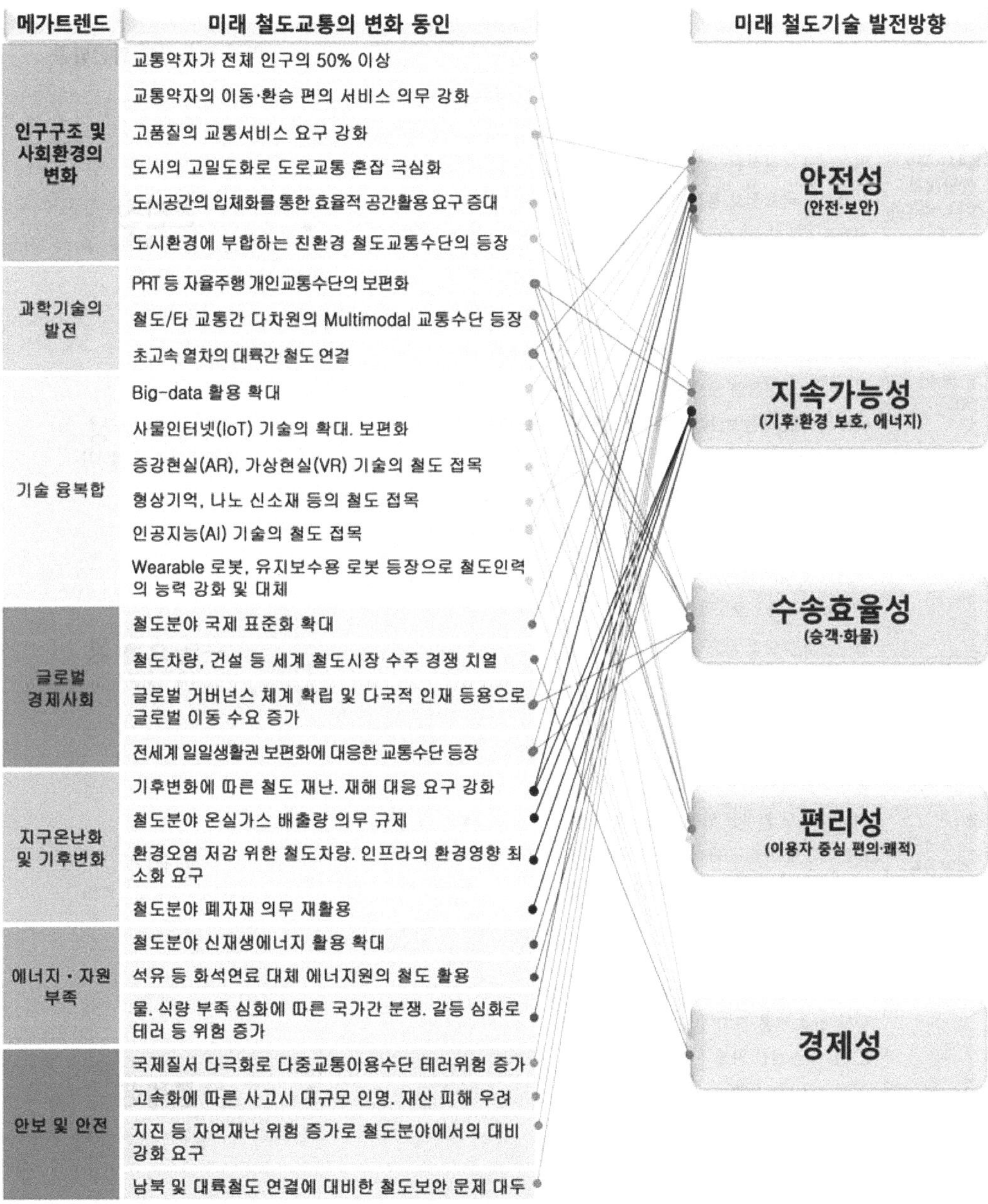


그림 83. 미래 메가트렌드 변화에 대응한 철도기술의 발전 방향

- 우리나라 국가 상위계획 및 국내·외 철도R&D 정책 동향과, 우리나라가 지향해야 하는 철도기술의 5가지 발전 방향인 '안전성', '지속가능성', '수송효율성', '편리성', '경제성' 간의 상관관계에서 보듯이, '안전성', '지속가능성' 및 '수송효율성' 관련 철도R&D 정책이 가장 많이 채택되었고, 이외 '편리성'과 '경제성'순으로 채택됨.

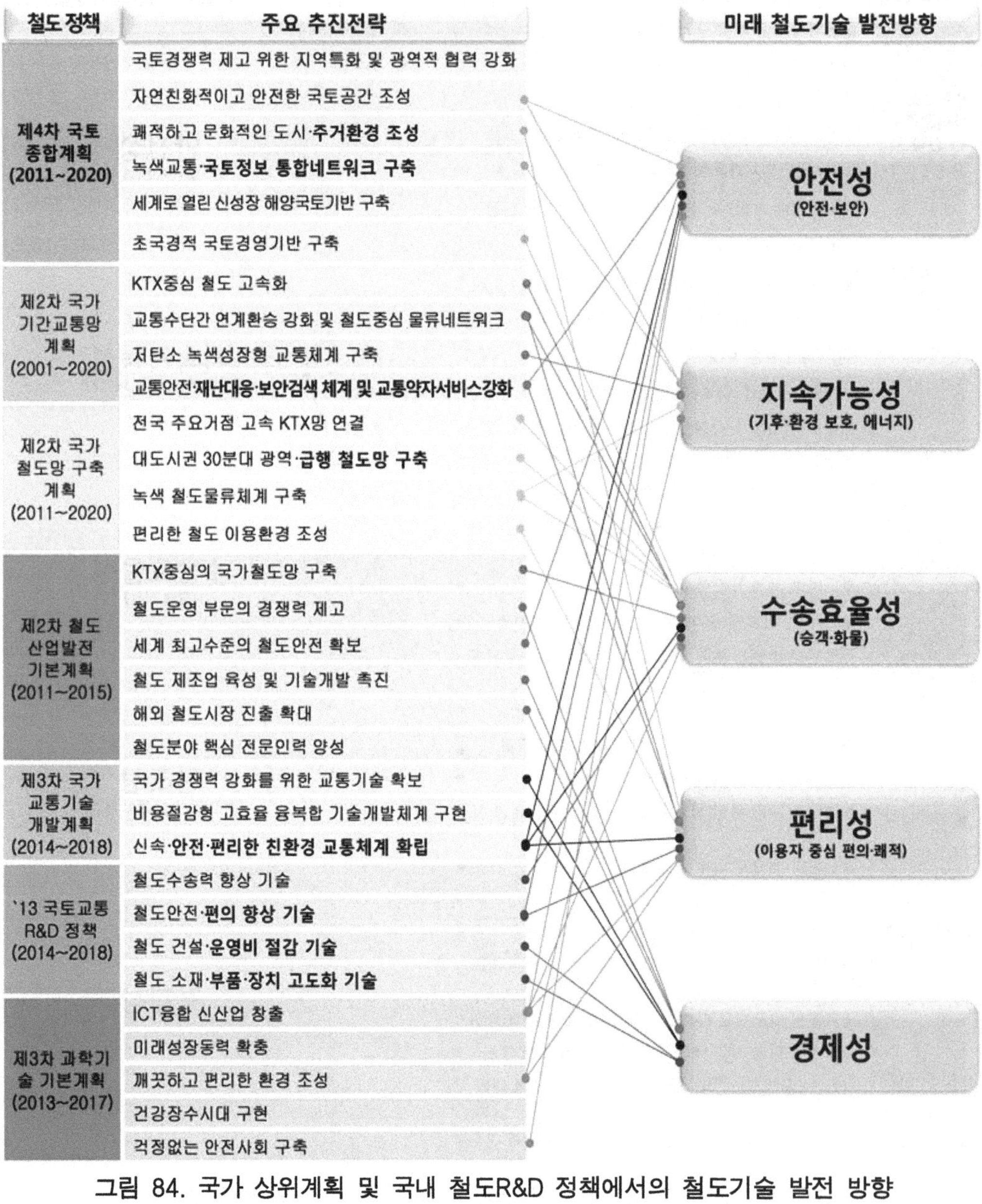


그림 84. 국가 상위계획 및 국내 철도R&D 정책에서의 철도기술 발전 방향

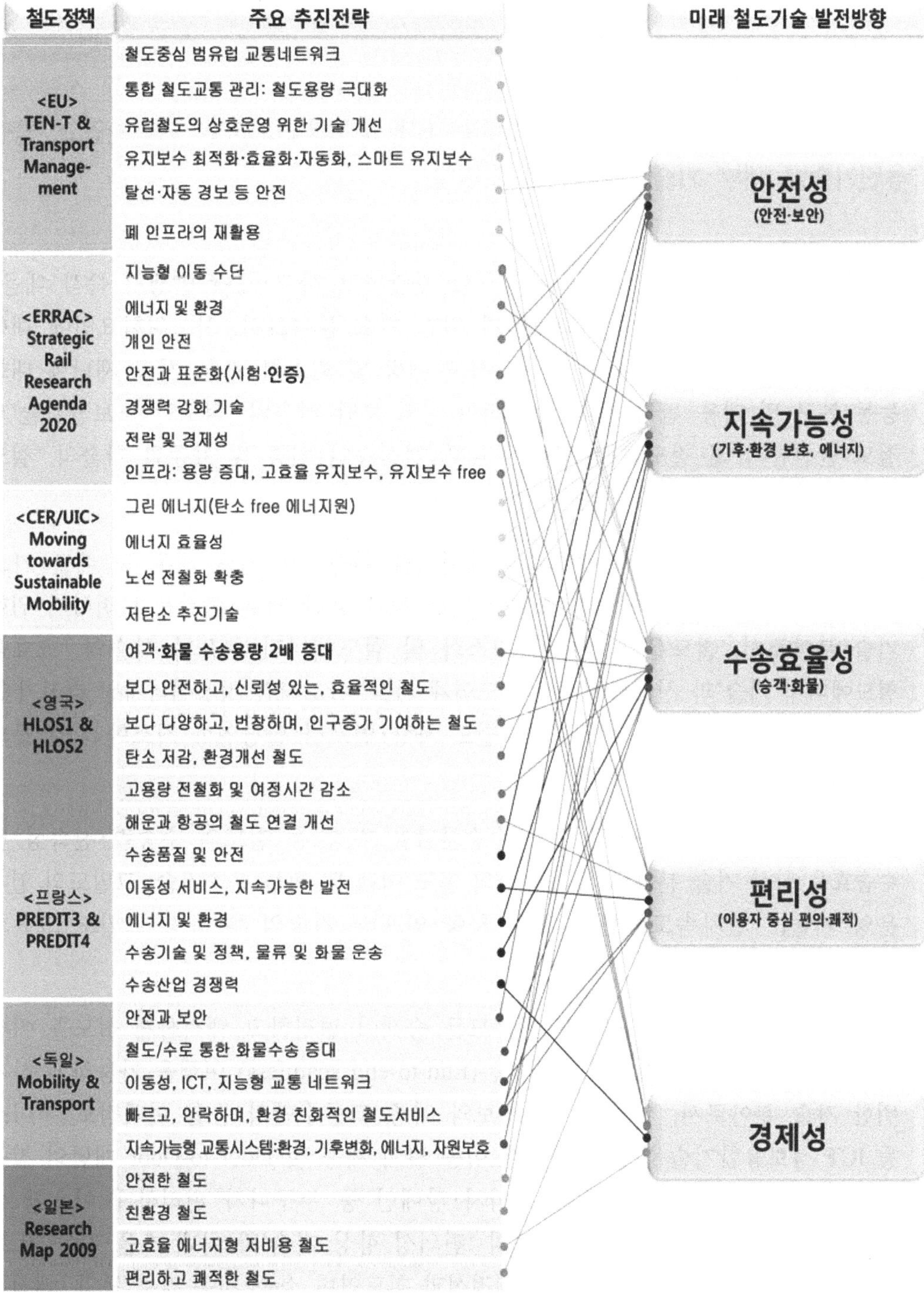


그림 85. 국외 철도R&D 정책에서의 철도기술 발전 방향

## 제2절 중점추진기술

■ **5대 미래철도기술 발전방향에 부합하는 6대 중점추진기술을 도출하였고, 중점 추진기술별 세부 기술분류체계를 마련함.**

- '안전성'은 철도사고 발생을 원천적으로 차단하고 사고·재난 발생시 즉각 대응·복구를 통해 철도 안전성을 확보하기 위한 기술 분야로서, 사고위험요인에 대한 실시간 감시 및 원격 제어 등의 철도사고 예방 및 최소화 기술, 사고·재난에 대한 능동 복구 및 대응·관리 기술, 지능적인 철도 보안 기술의 '철도안전·보안기술'과 철도 안전규격 및 철도 차량/용품에 대한 형식승인·인증 및 표준화 기술의 '철도 인증 및 표준화 기술'과 관련됨.

- '지속가능성'은 철도교통분야에서 미래세대를 위해 화석연료 의존 및 배출 가스 축소로 온실효과 저감, 에너지 소비량 저감 등을 통한 기후·환경을 보전하기 위한 기술 분야로서, 철도운영 에너지 최소화 및 철도에너지 효율화 기술의 '고효율 철도에너지 기술'과 신재생에너지 철도연계 기술, 탄소저감 청정에너지원 추진기술, 무(無)가선·비접촉 방식 철도 기술, 철도 차량·인프라 환경영향 최소화 기술 등의 '친환경 철도 기술'과 관련됨.

- '수송효율성'은 승객·화물의 철도 수송분담률 향상 등 철도의 수송력·신속성 및 수송효율 향상 기술 분야로서, 대용량의 철도 여객 및 화물 운송기술, 고밀도의 열차 운영 기술, 열차속도향상을 위한 차량·인프라 기술의 '대용량·고밀도·고속화 기술'과 관련됨.

- '편리성'은 장애인·노약자를 포함한 모든 승객이 편리하고 쾌적하게 철도를 이용하여 출발지부터 목적지까지 단절없는(End-to-end seamless) 여행을 가능하게 하기 위한 기술 분야로서, 실시간 여행정보와 각종 교통수단의 통합 여객정보 서비스 등 ICT 정보융합기술을 통한 원활한 이동 편의 제공 및 Door-to-Door 개념의 접근성과 타교통수단과의 연계환승, 노약자·장애인 등 누구나가 편리하게 이용할 수 있도록 하는 유니버설 철도이용 등의 '편의성 향상 기술'과 차내 소음·진동 감소, 안락한 승차감 제공, 역사·터널 내 쾌적성과 철도연변 소음·진동 감소 등의 '쾌적성 향상 기술'과 관련됨.

- '경제성'은 전 생애주기 비용을 고려한 인프라의 경제적인 건설, 전문적인 유지관리와 효율적인 철도 운영으로 철도의 교통수단 경쟁력 강화를 위한 기술 분야로서, 철도 수명주기비용(LCC, Life Cycle Cost)를 고려한 철도차량 제작, 저비용 철도 인프라 건설·구축 등의 '저비용 건설·제작 기술'과 고부가가치 철도 소재·부품·장치 기술의 '고부가 철도 기술', 차량·인프라에 대한 적시의 유지보수가 가능하도록 차량·인프라 검사·검측 고도화 기술, Maintenance-free 철도시스템 기술, 24시간 철도운영 서비스 기술 등의 '고효율 유지보수 및 운영 기술'과 관련됨.

표 19. 미래철도기술 방향과 중점추진기술간 상관관계

| 중점추진기술 \ 미래철도기술 발전방향 | 안전성 | 지속 가능성 | 수송 효율성 | 편리성 | 경제성 |
|---|---|---|---|---|---|
| ① 철도 안전·인증 기술 | ● | | ● | | |
| ② 고효율 에너지·친환경 철도 기술 | | ● | | | ● |
| ③ 대용량·고밀도·고속화 기술 | ● | | ● | ● | |
| ④ 편의·쾌적성 향상 기술 | | | ● | ● | |
| ⑤ 저비용 철도 구축 기술 | | | ● | | ● |
| ⑥ 고효율 철도 운영 기술 | ● | | ● | | ● |

표 20. 중점추진기술의 정의

| 중점추진기술 | 정의 |
|---|---|
| 철도안전·인증기술 |  [출처: 국토일보] 철도기능 유지를 목적으로, 사전에 안전위협요인을 제거하고, 사고/재난 발생시 효율적이고 신속·정확하게 대응·관리하며, 시험인증, 철도보안 등 안전한 철도 운영을 위한 기술 |
| 고효율 에너지·친환경 철도 기술 |  [출처: arb.ca.gov] 지구온난화, 에너지 고갈문제 등에 대비하고, 인간 삶과 공존할 수 있는 친환경적이고 지속가능한 철도기술 |
| 대용량·고밀도·고속화 기술 |  [출처: 한국철도시설공단] 보다 빠르게, 고밀도로, 대용량의 여객·화물을 수송하는 철도 기술 |
| 편의·쾌적성 향상 기술 | 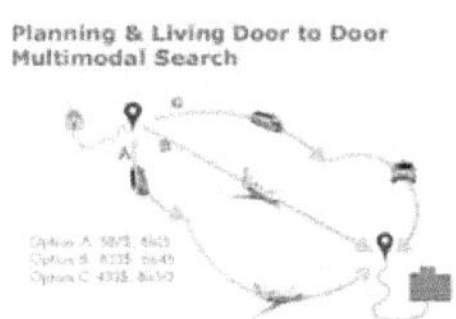  [출처: CWT] 노약자·장애인 등 교통약자를 포함한 모든 이용객의 단절 없는 철도이용 서비스와 승차감, 소음진동 등 안락·쾌적한 서비스를 제공하는 인간 중심형 철도 기술 |
| 저비용 철도 구축 기술 | 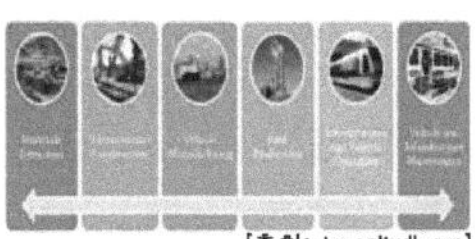 [출처: transitwik.org] 전 생애주기 비용(LCC)을 고려한 저비용의 철도 차량 제작기술, 철도 인프라 건설·구축기술, 경제적 파급효과가 큰 고부가가치의 철도부품·장치 제작 기술 |
| 고효율 철도 운영 기술 |  [출처: railengineer.uk] 철도시스템의 효율적인 유지보수 기술, Maintenance-free 등 전 생애주기 비용(LCC)을 최적화할 수 있는 철도운영 효율화 기술 |

### 표 21. 미래철도 중점추진기술별 세부 기술분류체계

| 중점추진기술 (대분류) | 중분류 | 소분류 |
|---|---|---|
| ①철도안전·인증 기술 | 철도 안전·보안 기술 | 철도사고 예방 및 최소화 기술 |
| | | 철도사고·재난 능동 대응 및 복구 기술 |
| | | 지능적인 철도 보안 기술 |
| | 철도 인증 및 표준화 기술 | 철도차량/용품 인증 및 표준화 기술 |
| ②고효율에너지·친환경 철도기술 | 고효율 철도에너지 기술 | 철도 운영 에너지 최소화 기술 |
| | | 철도 에너지 효율화 기술 |
| | 친환경 철도 기술 | 탄소저감 에너지 추진원 기술 |
| | | 철도차량·인프라 환경영향 최소화 기술 |
| ③대용량·고밀도·고속화 기술 | 대용량 철도 기술 | 대용량 철도수송 기술 |
| | 고밀도 철도 기술 | 고밀도 철도수송 기술 |
| | 고속화 철도 기술 | 철도수송 고속화 기술 |
| ④편의·쾌적성 향상 기술 | 편의성 향상 기술 | 기종점간 단절없는 철도이용 기술 |
| | | Universal 철도이용 기술 |
| | 쾌적성 향상 기술 | 철도차량 쾌적화 기술 |
| | | 철도연변 및 인프라 쾌적화 기술 |
| ⑤저비용 철도 구축 기술 | 저비용 건설·제작 기술 | LCC 절감을 위한 철도 건설·제작 기술 |
| | 고부가 철도 기술 | 고부가가치 철도 소재·부품·장치 기술 |
| ⑥고효율 철도 운영 기술 | 고효율 유지보수 기술 | 철도시스템 유지보수 고도화 기술 |
| | | Maintenance-free 철도시스템 기술 |
| | 고효율 운영 기술 | 24시간 철도운영 서비스 기술 |

그림 86. 미래 철도기술의 발전 방향 및 중점추진기술

# 제4장 미래 철도기술 발전 로드맵

미래철도 전망 2040

# 제4장 미래 철도기술 발전 로드맵

2040년 미래철도기술의 6대 중점 추진기술별 비전 및 추진전략 수립과 2020년, 2030년 및 2040년 단·중장기 단계별 목표를 설정함. 이와 함께, 단계별 목표에 부합하도록, 철도R&D 기술동향 분석내용을 기반으로 6대 중점추진기술의 20개 세부 철도기술별 기술발전 로드맵을 제시함.

## 제1절 중점추진기술 ① : 철도안전·인증 기술

### ■ 현황

- 철도사고는 철도운영 또는 철도시설 관리와 관련하여 발생한 사람의 사상 또는 물건의 손괴를 말하는데, 2004년부터 2013년까지 철도사고의 발생 추세를 살펴보면, 철도 총연장이 2004년 3,374.1km에서 2013년 3,587.8km로 늘어났음에도 불구하고 철도사고 건수는 2004년 총 542건 발생으로 사망 239명, 부상 319명이고, 2013년에는 147건이 발생하여 사망 93명, 부상 48명으로 매년 사고 건수는 13.5%, 사망자는 10.0%, 부상자는 19.0% 비율로 감소 추세[2015년도 교통안전연차보고서, 국토교통부, 2015.8]

표 22. 철도사고 발생현황

| 구분 | 사고건수(건) | | | 사망자(명) | | | 부상자(명) | | |
|---|---|---|---|---|---|---|---|---|---|
| | 전체 | 자살 제외 | 자살·직무 사고제외 | 전체 | 자살 제외 | 자살·직무 사고제외 | 전체 | 자살 제외 | 자살·직무 사고제외 |
| 2004 | 542 | 411 | 385 | 239 | 150 | 138 | 319 | 276 | 262 |
| 2005 | 386 | 238 | 230 | 201 | 89 | 87 | 171 | 133 | 126 |
| 2006 | 329 | 208 | 194 | 171 | 86 | 81 | 141 | 105 | 95 |
| 2007 | 302 | 168 | 161 | 184 | 81 | 78 | 116 | 85 | 80 |
| 2008 | 282 | 166 | 147 | 153 | 69 | 63 | 130 | 95 | 79 |
| 2009 | 261 | 133 | 120 | 156 | 58 | 56 | 108 | 77 | 65 |
| 2010 | 225 | 118 | 102 | 130 | 54 | 47 | 88 | 55 | 46 |
| 2011 | 186 | 112 | 103 | 118 | 57 | 51 | 70 | 57 | 49 |
| 2012 | 166 | 94 | 79 | 106 | 49 | 42 | 105 | 90 | 82 |
| 2013 | 147 | 74 | 65 | 93 | 34 | 29 | 48 | 34 | 28 |
| 연평균 증감율 | Δ 13.5 | Δ 17.3 | Δ 17.9 | Δ 10.0 | Δ 15.2 | Δ 15.9 | Δ 19.0 | Δ 20.8 | Δ 22.0 |

자료 : 국토교통부(철도운행관제팀)

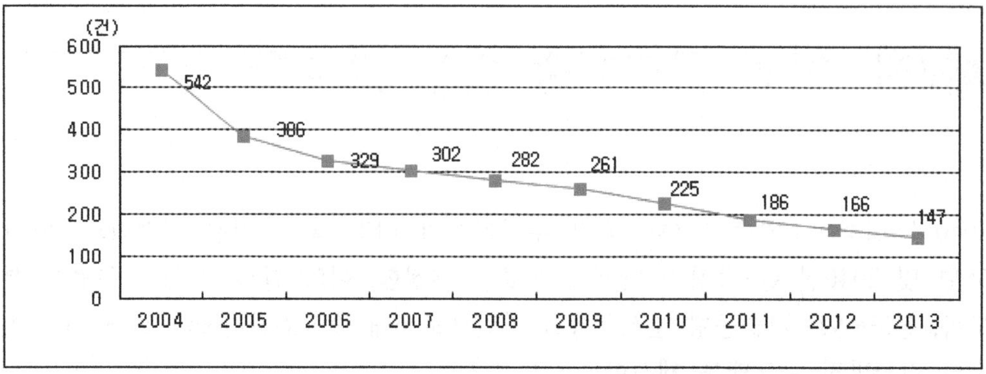


그림 87. 철도사고 발생건수 추세

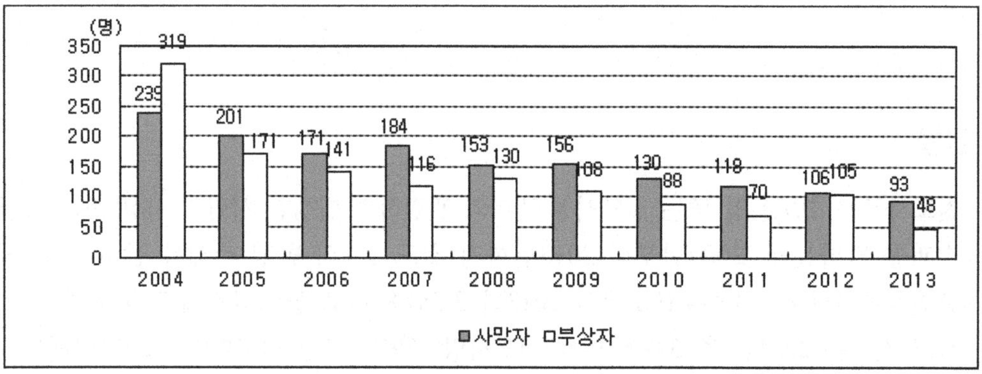


그림 88. 철도사고 사망자수 및 부상자수 추세

- 철도사고는 2004년의 542건에서 2013년에 147건이 발생하여 매년 지속적으로 감소하여 2004년 대비 72.8% 감소하였으나, 기관사 신호위반, 작업자 정비소홀 등 휴먼에러 증가.
  - 열차사고는 2013년 6건으로 열차탈선 및 충돌사고 증가로 2004년 대비 4건으로 재증가 추세
  - 건널목사고는 2004년의 39건에서 2013년에 13건이 발생하여 2004년 대비 66.6%가 감소하였으나 2012년 대비 3건이 증가
  - 사상사고는 2004년의 501건에서 2013년에 128건이 발생하여 년 평균 255건으로, 2004년 대비 74.4% 감소

## 표 23. 연도별/원인별 철도사고 발생현황

(단위 : 건)

| 구 분 | | 주원인 | 2004 | 2005 | 2006 | 2007 | 2008 | 2009 | 2010 | 2011 | 2012 | 2013 | 계 |
|---|---|---|---|---|---|---|---|---|---|---|---|---|---|
| 계 | | | 542 | 386 | 329 | 302 | 282 | 261 | 225 | 186 | 166 | 147 | 2,826 |
| 열차사고 | 열차충돌사고 | 운전자 | | | 1 | 2 | 1 | | | | 1 | 1 | 6 |
| | | 기타 | | | | | 1 | | | | | | 1 |
| | 열차탈선사고 | 관제사 | | | 1 | | 1 | | 1 | | | | 3 |
| | | 운전자 | | 1 | 1 | 1 | 2 | | | | 1 | | 6 |
| | | 유지보수자 | 1 | 1 | 1 | | 1 | 1 | | 1 | | 1 | 7 |
| | | 차량결함 | 1 | 2 | 1 | 1 | 1 | | | | 1 | 4 | 11 |
| | | 시설결함 | | | | | | 2 | 1 | | | | 3 |
| | | 기타 | | 1 | 2 | 2 | | | 2 | 1 | 2 | | 10 |
| | 열차화재사고 | 방화 | | 1 | | | | | | | | | 1 |
| | | 기타 | | | | | | | | | 1 | | 1 |
| | 기타열차사고 | 기타 | | | | | | | | | | | 0 |
| 건널목사고 | | 안내원 | | 1 | | 2 | | | | | 2 | 1 | 6 |
| | | 안전장치 | | 2 | 1 | | | | | | | | 3 |
| | | 통행자 | 39 | 34 | 25 | 22 | 24 | 20 | 17 | 14 | 8 | 12 | 215 |
| 교통사상사고 | 여객 | 열차에 뛰어듬(자살) | 103 | 111 | 93 | 98 | 81 | 93 | 80 | 40 | 46 | 40 | 785 |
| | | 선로근접/무단통행 | 35 | 28 | 31 | 24 | 15 | 15 | 15 | 7 | 16 | 2 | 188 |
| | | 승하차시 넘어짐 | 53 | 19 | 23 | 6 | 7 | 7 | 4 | 10 | 2 | 5 | 136 |
| | | 열차내 넘어짐 | 38 | 20 | 11 | 2 | 5 | 2 | 2 | 2 | 1 | 2 | 85 |
| | | 출입문에 끼임 | 65 | 17 | 10 | 7 | 4 | 6 | 4 | 6 | 5 | | 124 |
| | | 비산/낙화물 충격 | | | | | | | 1 | | | | 1 |
| | | 기타 | 14 | 17 | 9 | 10 | 15 | 5 | 4 | 3 | 3 | 12 | 92 |
| | 공중 | 열차에 뛰어듬(자살) | 28 | 37 | 28 | 36 | 35 | 35 | 27 | 34 | 26 | 33 | 319 |
| | | 선로근접/무단통행 | 139 | 84 | 75 | 80 | 68 | 61 | 51 | 59 | 36 | 25 | 678 |
| | | 비산/낙화물 충격 | | | | 1 | | | | | | | 1 |
| | | 기타 | | 2 | 2 | 1 | 2 | 1 | | | | | 8 |
| | 직원 | 미승인작업 | 3 | | | 1 | 1 | | 6 | 1 | 2 | 1 | 15 |
| | | 부주의한 행동 | 9 | 4 | 4 | 1 | 9 | 7 | 6 | 4 | 9 | 4 | 57 |
| | | 시설/설비결함 | | | | | | | | | | | 0 |
| | | 열차방호소홀 | 11 | 3 | 3 | 3 | 4 | 5 | 3 | 3 | | 2 | 37 |
| | | 기타 | 3 | 1 | 7 | 2 | 5 | 1 | 1 | 1 | 4 | 2 | 27 |

자료 : 국토교통부(철도운행관제팀)

- 30년 이상 노후 철도교량, 터널이 40% 이상 차지하고 있고, 20년 이상 노후 철도차량이 전체 21% 이상을 차지하고 있어 대응전략 수립이 필요.
  - 전체 철도시설물 중 30년 이상 된 시설물의 비중이 43%('14년 기준)
  - 서울시도시철도공사 영업노선 기준, 유지보수 비용은 '13년 504억원에서 '17년 4,308억원으로 매년 증가할 것으로 전망되며, 운행 장애 건수가 '10년 159건에서 '14년 323건으로 증가하는 등 향후 증가 추세임[84].

- 철도안전인증은 철도안전(4대)국제표준에 대한 적합성 검사로써 독립된 전문기관이 검사 후 적합 시 평가보고서(인증서)를 발행하는 국제적 인증제도임.
  - 해외 철도건설 및 구매사업에서는 필수요구사항으로 반영되고 있고, 국내는 신호분야를 중심으로 확대되고 있으나, 인증취득에 필요한 설계, 분석, 입증기술의 미흡으로 우리기술의 해외 진출에 걸림돌로 작용하고 있음.
  - 또한 우리나라 인정기구로부터 인정된 철도안전인증기관은 없으며, 현재는 안전인증을 요구하는 국내 신호분야 및 해외 진출 국내 기업을 대상으로 영국 리카르도 레일 등의 해외 인증기관(ISO/IEC 17020 및 17065기관)이 적합성검사 후 인증서를 발행 중임.

## ■ 비전 및 목표

- (비전) "세계 최고 수준의 안전하고 신뢰도 높은 철도 실현"

- (추진전략) 철도사고 혹은 재난 발생시 긴급 복구·대응은 물론, 철도사고 예방 체계 도입을 통한 사고 최소화 및 ICT기술 융합의 지능적인 철도 보안, 고도화된 철도 형식승인·인증체계 도입을 통한 신뢰성 높은 철도 구현.

- (목표) 열차운행 100만km당 철도사고 건수를 2014년 2.96건에서 2020년 2.5건(15%), 2030년 2.0건(30%), 2040년 1.48건(50%)으로 저감 및 열차운행 100만km당 철도사고 사망자 수를 2014년 0.28명에서 2020년 0.16명(40%), 2030년 0.08명(70%), 2040년 0.05명(80%)으로 감소

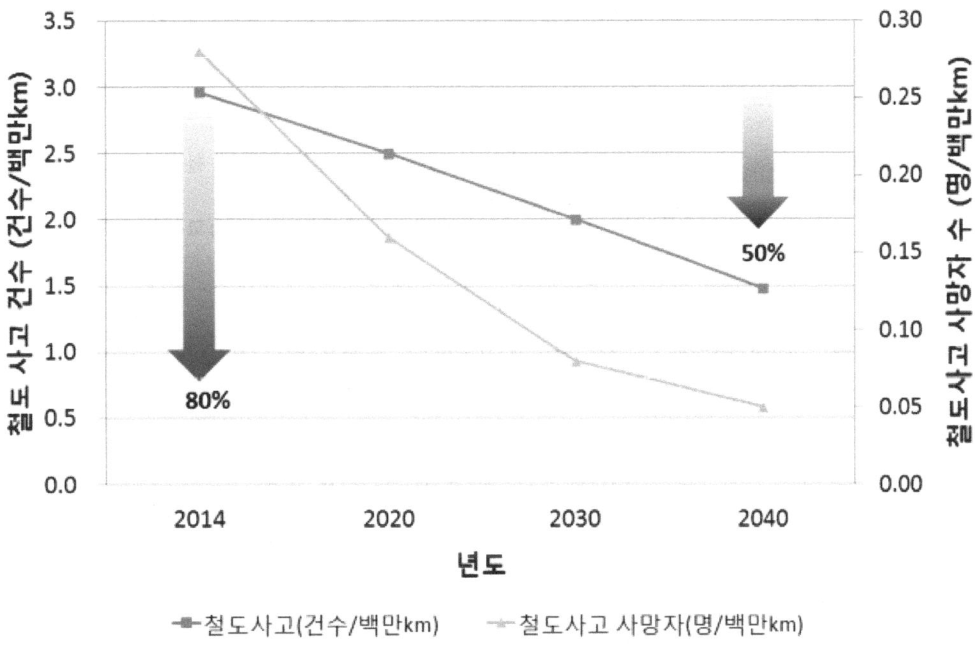


그림 89. 철도 사고 건수 및 사망자수 목표

- 『국토교통R&D 중장기 전략('14～'23)[14]』에서는 열차운행 100만km당 철도사고 건수를 2014년 2.96건에서 2023년 2.36건으로 20% 저감 및 열차운행 100만km당 철도사고 사망자를 2014년 0.28명에서 2023년 0.14명으로 50% 감소를 목표로 제시.
- 유럽에서는 2050년까지 철도를 가장 안전하고 보안이 철저한 대중교통수단으로 만드는 것을 목표로 제시하고 있고, 철도 사망자를 2020년까지 2010년 대비 20% 감소, 2030년 50%, 2050년 80% 감소 및 이후 철도 규모의 증가에도 사상자 수 유지를 목표로 제시[17].
- 일본에서는 2005년 4월 승객 106명 사망, 562명 부상하는 탈선 사고 발생을 계기로 하여, 이후 "제9차 교통안전 기본계획(2011～2015)"을 책정하여 열차 승객의 사망자수 제로를 목표로 하고, 건널목 사고 건수를 2015년까지 2010년 대비 약 10% 감소 목표로 하는 등 건널목 사고, 선로 내 혹은 승강장에서의 신체적 상해 사고 감소 등 운전사고로 인한 전체 사망자수의 지속적인 감소를 목표로 함[85].

표 24. 국내·외 정책 목표 및 전략 비교: 철도안전·인증 분야

| 구분 | 발행국/기관 | 목표 | 추진전략 |
|---|---|---|---|
| 국토교통R&D 중장기 전략 ('14~'23) | 한국/ 국토부·KAIA | 2023년, 백만km당 철도사고건수 20% 저감(2.36건) 백만km당 사고사망자 50% 감소(0.14명) | - 실시간 지능형 철도안전 감시시스템 구축<br>- 효율적 신속 사고복구체계 마련 |
| Rail route 2050 | EU/ERRAC | 2050년, 가장 안전한 철도화 사고사망자 80% 감소 | - 고위험에 대한 사전 판단·예방 기술<br>- 노후 역사 개선<br>- 전 컨테이너화물 교통망의 보안 개선 |
| Research Map 2009 | 일본/RTRI | 2030년, 지진에 의한 재운행시간 50% 단축, 안전성 향상(방재, 충돌 안전) | - 사고·재해(지진 등) 피해 경감 및 복구 기술 개발<br>- 차량충돌 내성과 생존 지수 제고<br>- 철도시스템의 위험성 평가<br>- 열차제어 지능화 |
| 제9차 교통안전 기본계획 (2011~2015) | 일본/ 국토교통성 | 2015년, 승객 사망자수 제로, 운전사고로 인한 선로내, 승강장 사고 지속 감소 | - 철도차량 사고시 승객 생존율 제고<br>-건널목 사고건수 10% 저감 |
| 미래철도 2040 | 한국/ KAIA | 2040년, 백만km당 철도사고건수 50% 저감(1.48건) 백만km당 사고사망자 80% 감소(0.05명) | - 철도사고 예방 및 사고·재난 긴급 복구·대응 체계 도입<br>- ICT기술 융합의 지능적인 철도 보안<br>- 고도화된 철도 형식승인·인증체계 도입 |

## ■ 기술발전 로드맵

### 철도안전·보안기술

#### 철도안전 · 보안기술 ‖ 철도사고예방 및 최소화 기술

| 세부기술 | 2020 | 2030 | 2040 |
|---|---|---|---|
| 기술 수준 | 실시간 안전 감시 (개별/부분 감시) | 실시간 안전 감시 (통합/전체) 및 부분 자동제어 연동 | 실시간 안전 감시 및 완전 자동제어 연동 |
| 철도 사고 예방 및 최소화 기술 | 철도안전 위험도 관리기술 | 통합 안전 감시제어기술 | 초고속 고정밀 · 고신뢰 사고위험예측감시기술 |
| | 열차주행 · 선로변안전 감시기술 | 무인이동체감시고도화기술 | 감시 연동 자동제어기술 |
| | 실시간 차량손상감지기술 | | |
| | 실시간 인프라손상감지기술 | | |

〈IoT기반 사전진단 · 예측 및 위험도 관리 기술〉
[출처: railnews.co.in]

〈무인이동체 감시 기술〉
[출처: railway-technology.com]

〈무인관제 · 자동제어 기술〉
[출처: pressebox.com]

| 2020 | 2030 | 2040 |
|---|---|---|
| 실시간 자가진단기술 | 실시간 자기치유기술 | 실시간 자기복원기술 |

〈실시간 차량 스캐닝 시스템 기술〉
[출처: 건설기술, 2014. 05]

| 2020 | 2030 |
|---|---|
| 인적오류 감소기술 | 인적오류 안전영향최소기술 |
| 열차 충돌 · 탈선 방지기술 | 충돌 · 탈선대비승객보호기술 |

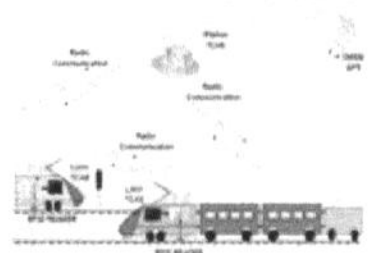

〈열차충돌방지시스템〉
[출처:hbl.in]

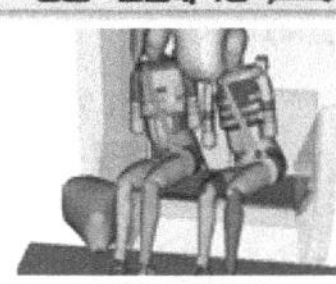

〈승객보호기술〉
[출처:ainonline.com]

| 2020 | 2030 | 2040 |
|---|---|---|
| 차량/역내위험요인감지기술 | 차량/역내 위험요인사전 차단기술 | 차량/역내 위험요인사전 차단기술 |
| 화재안전 관리기술 | 화재 완전 차단기술 | |
| | 이상기후대비기술(내열 · 내한성) | |

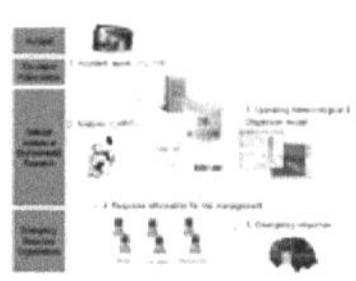

〈화재안전 관리 시스템〉
[출처:di-focus.com]

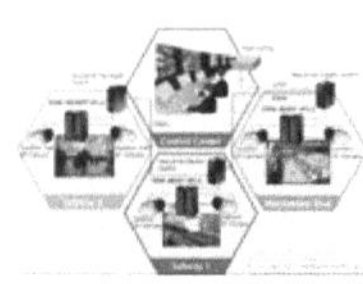

〈차량/역내 위험요인 사전 차단기술〉
[출처:teleconnect.com.au]

## 철도안전 · 보안기술 || 철도사고 · 재난 능동 대응 및 복구 기술

| 세부기술 | 2020 | 2030 | 2040 |
|---|---|---|---|
| 기술 수준 | 철도사고 · 재난 효율적 대응 | 철도사고 · 재난 능동 대응(부분) | 철도사고 · 재난 자가능동 대응 |
| 철도 사고 · 재난 능동 대응 및 복구 기술 | 실시간의사결정지원기술 | 자가 의사결정기술 | 실시간자가의사결정기술 |
| | 철도사고 응급 처리 기술 | 사고/재난 즉각복구기술 | 사고/재난 자동복구기술 |
| | 철도재난 긴급 복구기술 | | |
| | 이상감지 스마트 알림기술 | 사고/재난 열차능동제어기술 | |
| | | 열차 지연 최소화 기술 | |

〈사고/재난 긴급 대응기술〉
[출처: 연합뉴스]

〈사고/재난 자동 복구기술〉
[출처: alamy.com]

〈사고/재난 감지 열차능동 제어기술〉
[출처: FRA]

## 철도안전 · 보안기술 || 지능적인 철도 보안 기술

| 세부기술 | 2020 | 2030 | 2040 |
|---|---|---|---|
| 기술 수준 | 스마트 보안 감시 (개별/부분) | 스마트 보안 감시 (통합/전체) | 스마트 보안 감시 (국제 통합) |
| 지능적인 철도보안기술 | 지능형 보안 감시기술 | 지능형 통합 보안 감시기술 | 국제 통합 보안 감시 표준화 |
| | 지능형 영상 감시기술 | 지능형 보안무인이동체기술 | 무인 이동체 위험물스캐닝기술 |
| | 지능형 센서 감시기술 | 여객 프라이버시 보호기술 | |
| | 사이버 보안 기술 | 사이버 보안 기술 | |
| | 국제 물류운송정보화기술 | 국제 여객수송정보화기술 | |

〈지능형 보안 · 감시기술〉
[출처: smartstartnetworks.com]

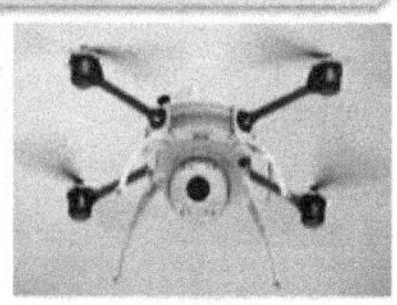

〈지능형 보안용 드론 기술〉
[출처: kalw.org]

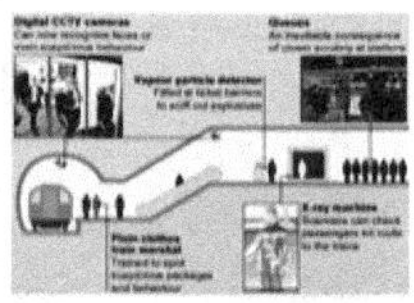

〈철도 스마트 통합보안 기술〉
[출처: news.bbc.co.uk]

〈지능형 국제승객/물류 정보화 시스템〉
[출처: Wikipedia.org]

## 철도 인증 및 표준화 기술

### 철도 인증 및 표준화 기술 || 철도 차량 · 용품 인증 및 표준화 기술

| 세부기술 | 2020 | 2030 | 2040 |
|---|---|---|---|
| 기술 수준 | 국내 인증 | 국제 인증 (부분) | 국제 인증 |
| 철도 차량 · 용품 인증 및 표준화 기술 | 철도차량/부품형식승인기술 | 철도차량/부품 국제 상호승인기술 | |
| | 철도인프라용품형식승인기술 | 철도인프라 용품국제상호승인기술 | |
| | 철도시스템성능시험평가기술 | 성능 시험평가기술(고속용) | 성능 시험평가기술(초고속용) |
| | 국제화물상호운영승인기술 | 국제여객상호운영승인기술 | |

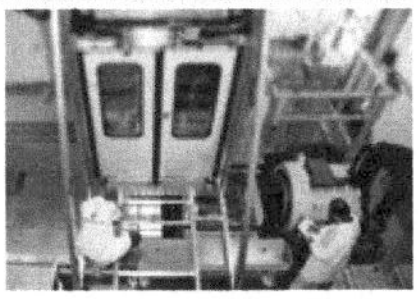

〈국내 차량 형식승인기술〉
[출처: phoenix-testlab.de]

〈국제 통합 차량 인증기술〉
[출처: europeanrailwayreview.com]

〈국내 용품 형식승인기술〉
[출처: engineering.illinois.edu]

〈국제 통합 용품 인증기술〉
[출처: train-fever.com]

〈성능평가기술〉
[출처: csrgc.com.cn]

〈상호운영 표준〉
[출처: psialliance.org]

# 제2절 중점추진기술 ② : 고효율 에너지·친환경 철도 기술

## ■ 현황

- 철도의 전철화는 보다 빠르고 대용량 수송을 가능하게 할뿐만 아니라 탄소배출량을 줄여 친환경적이고 에너지 소비량 절감효과가 커서 1970년대 중앙선, 태백선, 영동선 등 산업선의 전철화 이후 지속적인 전철화 확대 정책이 추진되어 2015년 기준 국내 철도 전철화율이 70% 수준이며 '제2차 국가철도망 구축계획(2011~2020)'에 따라 2020년까지 전철화율을 85%로 확대할 계획임.
  - 전기철도차량은 디젤철도차량에 비해 가벼워 연료를 적게 사용하기 때문에, 약 20~30%의 이산화탄소 배출량이 절감됨.
  - 2011년 기준 국내 전체 최종에너지 소비량은 161.04백만 TOE인데, 수송에너지 소비량은 29.42백만 TOE로 전체 소비량의 약 18%이고, 이 중 철도는 0.37백만 TOE로 전체 수송에너지 소비량의 1.2%에 불과하여 수송효율이 높음.[에너지통계연보(2013), 에너지경제연구원, 2013.12]
  - 전철화에 따라 철도분야 전체 에너지 소비량은 줄어드는 추세로서, 석유 소비량은 지속적으로 감소하고 전력 소비량은 지속적으로 증가하였으나, 한정된 에너지 자원과 치솟는 에너지 비용으로 인한 에너지 효율 개선 노력으로 2013년에는 철도분야에서의 석유 및 전력 소비량이 모두 감소됨.

표 25. 철도분야 에너지 소비량

(단위 : 천TOE)

| 에너지원 | 2009 | 2010 | 2011 | 2012 | 2013 |
|---|---|---|---|---|---|
| 석유(에너지유) | 200 | 195 | 177 | 176 | 156 |
| 전력 | 187 | 188 | 193 | 194 | 186 |
| 계 | 387 | 383 | 370 | 370 | 342 |

자료 : 2015 에너지통계 핸드북(에너지관리공단)

* TOE(ton of oil equivalent): 각종 에너지의 단위를 비교하기 위한 가상단위로서, 지구상에 존재하는 석유, 무연탄, 가스 등 모든 에너지원의 발열량을 통일된 단위로서 석유의 발열량으로 환산한 것으로 석유환산톤을 말하며, 1TOE는 1,000만kcal, 1kwh=860kcal에 해당 [NEW 경제용어사전]

- 우리나라 전체 온실가스 배출량은 2012년 688,344천톤 $CO_2$eq.로, 1990년 295,500천톤 $CO_2$eq. 대비 233% 증가하였고, 에너지 부문 중 철도를 포함한 수송 분야 온실가스 배출량은 2012년 86,365천톤 $CO_2$eq.로 1990년 35,476천톤 $CO_2$eq. 대비 243% 증가하였으며, 1998년에 감소하였다가 이후 지속적으로 증가 추세임.
  - 2012년 기준 에너지 부문의 온실가스 배출량은 600,256천톤 $CO_2$eq.으로 전체 온실가스 배출량의 87.2%를 차지하며, 이 중 수송 분야 온실가스 배출량은 86,365천톤 $CO_2$eq.로 전체 온실가스 배출량 688,344천톤 $CO_2$eq.의 12.5%, 에너지 부문 온실가스 배출량의 14.4%를 차지함.

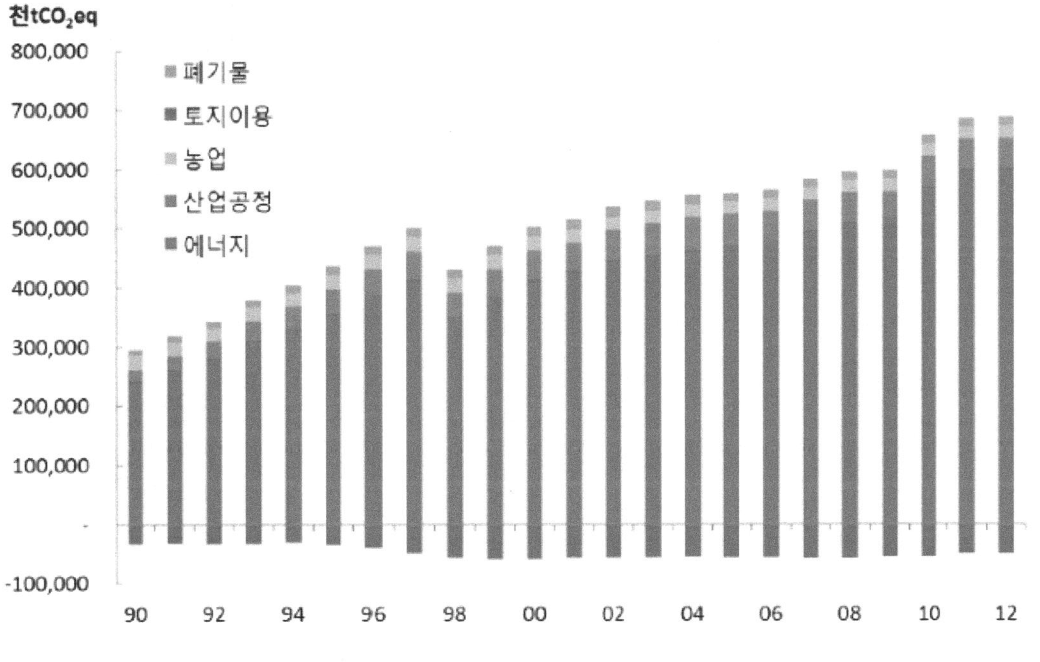


그림 90. 우리나라 온실가스 배출량 추이
[출처: 2014 국가 온실가스 인벤토리 보고서, 온실가스종합정보센터(GIR)]

## ■ 비전 및 목표

- (비전) "지속가능한 친환경 철도 실현"

- (추진전략) 차량 경량화 등 철도 운영에너지를 최소화하고 효율적인 에너지 저장·분배로 철도에너지 효율화를 실현하며, 신재생에너지의 활용, 청정에너지를 추진원으로 활용하여 탄소배출 저감을 통한 지구온난화 방지 등 기후를 보호하고, 철도차량·인프라의 환경부하 최소화를 통한 통해 지속가능한 친환경 철도 실현.

- (목표) 2020년까지 철도분야 에너지 소비량을 2014년 대비 15%, 2030년까지 25%, 2040년까지 50% 절감하고, 2020년 철도수송분야 온실가스 배출량 BAU, 812.7천톤 $CO_2$eq.를 2020년까지 10%, 2030년까지 20%, 2040년까지 30% 감축

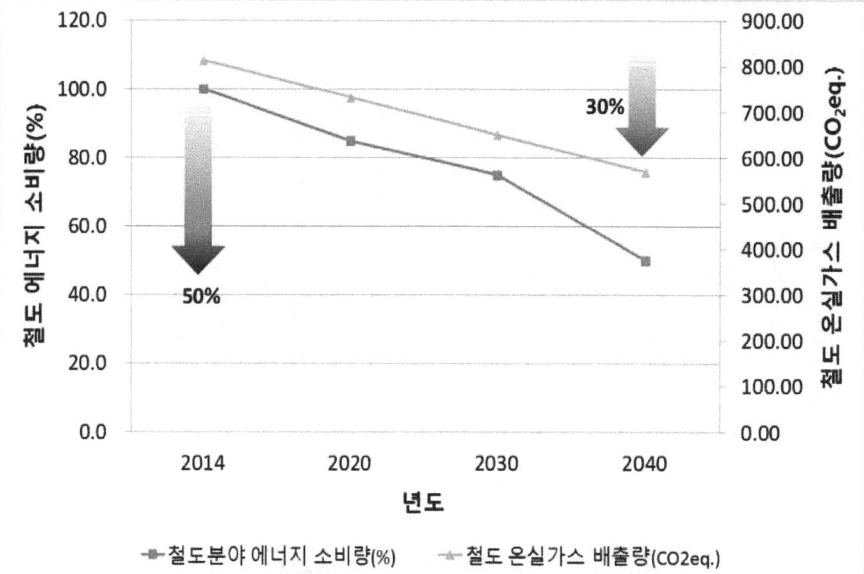


그림 91. 철도에너지 소비량 및 온실가스 배출량 감축목표

- 『국토교통R&D 중장기 전략('14~'23)[14]』에서는 철도차량 경량화, 철도에너지 효율 극대화를 통한 철도분야 에너지 소비량을 2018년까지 2014년 대비 10%, 2023년까지 20% 저감을 목표로 제시.
- 세계적으로 지구온난화에 따른 평균기온 및 해수면 상승, 이상기후, 생태계 파괴 등의 급속한 변화가 야기되고 있는 가운데, 이러한 지구온난화에 따른 기후

변화대응을 위해 UN기후변화협약(United Nations Framework Conven -tion on Climate Change, UNFCCC) 채택을 합의한 바 있고, 교토기후협약에 따라 선진국을 비롯 세계 각국에서 인위적으로 화석연료 소비를 줄여 온실가스 발생을 억제하기 위한 다각적인 방안을 마련하고 있음[86].

- 현재 우리나라는 UN기후변화협약의 비부속서(I) 국가로 분류되어 온실가스 감축 의무는 없지만, 자발적으로 '저탄소녹색성장기본법'에서 우리나라의 이산화탄소 등 온실가스 배출량을 2020년 온실가스 배출전망치(Business As Usual, BAU*) 대비 30%(2005년 대비 4%) 감축을 목표로 규정하였고[86],
- 또한, '지속가능교통물류발전법'에서 2020년 수송분야 온실가스 배출량 BAU (약 100.6백만톤) 대비 34.3%(에너지 사용량 약 1,200만 TOE*) 감축을 목표로 수립함[87].

* BAU(Business As Usual): 온실가스 감축을 위한 인위적 조치를 취하지 않는다고 가정하는 경우 미래 년도에 예상되는 온실가스 배출량 추정치(출처: 한경 경제용어사전)

* TOE(Ton of oil equivalent): 원유 1톤에 해당하는 열량으로, 1TOE=107kcal, 1kwh=860kcal

- 유럽연합에서는 2012년 ORISIS 프로젝트를 추진하여 유럽의 도시철도시스템의 전체 에너지 소비량을 2020년까지 10% 절감하는 것을 목표로 정함.

표 26. 2020년 수송수단별 온실가스 배출량 전망

[출처: 국토해양부/국토교통과학기술진흥원, 2011]

(단위 : $CO_2$톤)

| 구분 | 도로 | 철도 | 해운 | 항공 | 합계 |
|---|---|---|---|---|---|
| 합계 | 95,206,471 | 812,783 | 3,263,448 | 1,293,064 | 100,575,766 |
| 여객 | 62,850,397 | 620,405 | 237,601 | 1,293,064 | |
| 화물 | 32,356,074 | 192,378 | 3,025,847 | | |

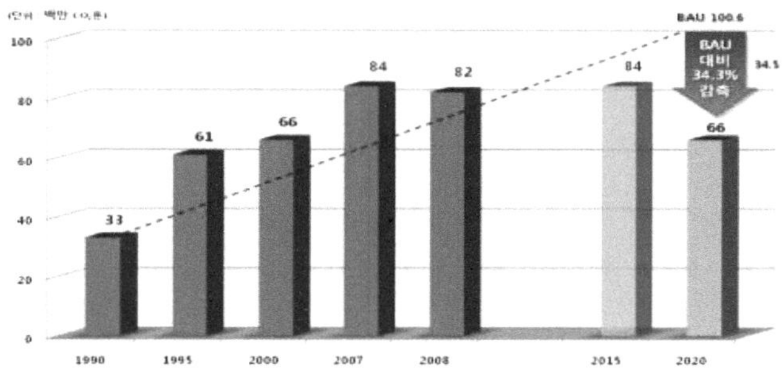


그림 92. 수송분야 온실가스 감축 목표

[출처: 국토해양부/국토교통과학기술진흥원, 2011]

표 27. 국내·외 정책 목표 및 전략 비교: 고효율 에너지·친환경 철도 분야

| 구분 | 발행국/기관 | 목표 | 추진전략 |
|---|---|---|---|
| 국토교통R&D 중장기 전략 ('14~'23) | 한국/ 국토부·KAIA | 2023년, 철도분야 에너지 소비량 20% 저감 | - 철도차량 경량화<br>- 철도에너지 효율 극대화 |
| 지속가능 교통물류 발전법 | 한국/ 국토교통부 | 2020년 수송분야 온실가스 배출량 BAU (약 100.6백만톤) 대비 34.3% 감축 | - 수송분야 에너지 사용량 약 1,200만 TOE 감축 |
| Rail route 2050 | EU/ERRAC | 2050년, 철도분야 에너지소비량 50% 절감 Carbon-free 운영 | - 차량 및 인프라 에너지 효율 향상<br>- 차량 및 인프라 환경성능의 현저한 개선 |
| A strategy 2030+ for the european railway sector | 유럽/ CER·UIC | 2050년, 철도분야 에너지소비량 50% 절감 탄소배출량 제로화 | - 친환경 교통수단 보급 |
| Research Map 2009 | 일본/RTRI | 2030년, 친환경 철도 (에너지소비효율 향상 및 탄소배출 저감) | - 차량의 철저한 경량화<br>- 연료전지·태양전지 등 신에너지 이용<br>- 에너지 회생 기술<br>- 초전도 기술 응용(송전·축전 등)<br>- 하이브리드 입환 기관차 개발 |
| 미래철도 2040 | 한국/ KAIA | 2040년, 철도분야 에너지소비량 50%절감 온실가스배출량 30%감축 | - 차량 경량화 등 철도 운영에너지를 최소화<br>- 효율적인 에너지 저장·분배<br>- 신재생에너지의 활용<br>- 청정에너지 추진원 활용<br>- 철도차량·인프라의 환경부하 최소화 |

## ■ 기술발전 로드맵

### ● 고효율 철도에너지 기술

**고효율 철도에너지 기술 || 철도운영 에너지 최소화 기술**

## 고효율 철도에너지 기술 || 철도에너지 효율화 기술

| 세부기술 | 2020 | 2030 | 2040 |
|---|---|---|---|
| 기술 수준 | 에너지 소비 최소화 (소비량 15% 감축 수준) | 에너지 소비 극소화 (소비량 25% 감축 수준) | 에너지 자립화 (소비량 50% 감축 수준) |
| 철도에너지 효율화 기술 | 고효율 에너지 저장 기술 | 에너지저장손실최소화기술 | 손실제로형에너지저장기술 |
| | <br>〈에너지감시 기술〉<br>[출처: struktonrail.com] | 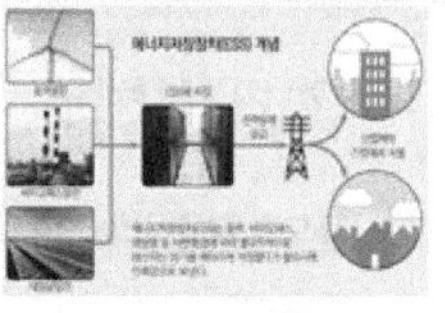<br>〈에너지 저장 손실 최소화〉<br>[출처: 메가솔라㈜] | <br>〈손실제로형 에너지 저장 장치〉<br>[출처: cleantechnica.com] |
| | 고효율 에너지 분배 기술 | 전력손실최소화기술 | 전력손실제로화기술 |
| | | 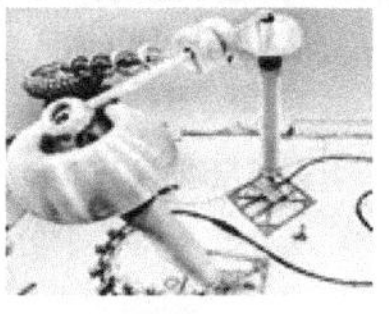<br>〈전력 손실 최소화 기술〉<br>[출처: ABB] | 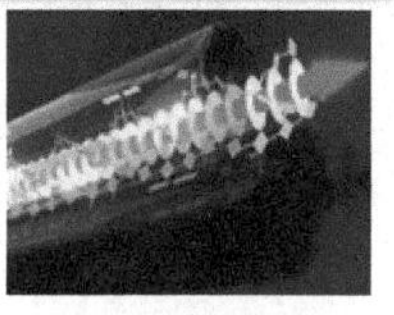<br>〈전력 손실 제로화 기술〉<br>[출처: gizmag.com] |
| | 차량 주요에너지감시기술<br>인프라주요에너지감시기술 | 에너지통합감시제어기술 | 전체 에너지통합감시제어기술 |
| | | <br>〈주요에너지감시기술〉<br>[출처: opengeospatial.org] | |

## 친환경 철도 기술

### 친환경 철도 기술 || 탄소저감 에너지 추진원 기술

| 세부기술 | 2020 | 2030 | 2040 |
|---|---|---|---|
| 기술 수준 | 화석연료 의존 수준 | 화석연료 부분 의존수준 | 화석연료 100% 탈피 수준 |

**탄소저감 에너지 추진원 기술**

- 대용량소형 배터리기술

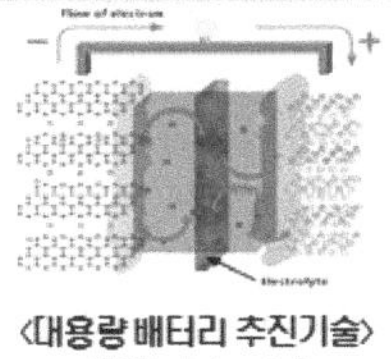

〈대용량 배터리 추진기술〉
[출처: gtck.re.kr]

- 대용량2차전지기술 → 연료전지 추진기술
- LNG추진기술 → 바이오가스 추진기술

〈LNG 추진 기술〉
[출처: railwayage.com]

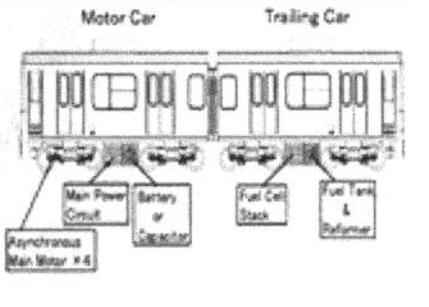


〈수소연료전지 추진 기술〉
[출처: 일본 JR]

- 원자력전지기술 → 1MW급 원자력추진 기술 → 10MW급 원자력 추진기술

〈원자력 전지 기술〉
[출처: International Atomic Energy Agency]

〈원자력 철도 추진 기술〉
[출처: financialexpress.com]

## 친환경 철도 기술 ‖ 철도차량 · 인프라 환경 영향 최소화 기술

| 세부기술 | 2020 | 2030 | 2040 |
|---|---|---|---|
| 기술 수준 | 환경부하 저감화 | 환경부하 최소화 | 환경부하 제로화 |
| 철도 차량 · 인프라 환경영향 최소화 기술 | 철도차량 전과정 환경효율성 평가/진단기술 | | |
| | 철도인프라 전과정 환경효율성 평가/진단기술 | | |
| | 친환경 차량설계/제작기술 | | |
| | 친환경 인프라설계/제작기술 | | |
| | 환경영향저감형 차량소재 | 환경영향최소형 차량소재 | 환경영향제로형 차량소재 |
| | 환경영향저감형 인프라재료 | 환경영향최소형 인프라재료 | 환경영향제로형 인프라재료 |
| | 1MW급 무선급전기술 | 5MW급 무선급전기술 | 10MW급 무선급전기술 |
| | 90% 급전효율 기술 | 95% 급전효율 기술 | 100% 급전효율 기술 |

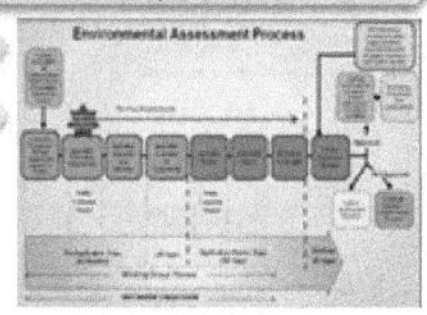


<철도 환경영향 평가 기술>
[출처: 철도연]

<환경영향 제로 인프라재료>
[출처: linkedin.com]

<환경영향 제로 철도기술>
[출처: naver blog]

<무선급전 기술>
[출처: 철도연]

# 제3절 중점추진기술 ③ : 대용량·고밀도·고속화 기술

## ■ 현황

- 우리나라는 '제2차 국가기간교통망계획(2001～2020)'을 통해 간선철도망의 고속화 및 전철화, 철도중심의 물류네트워크 구축, 남북 및 대륙 국제교통망 구축, 빠르고 편리한 대중교통 구현을 추진전략으로 제시함.
  - 2020년까지 전국 주요 거점을 1시간 30분대로 연결하여 하나의 도시권으로 통합한다는 내용의 '제2차 국가철도망 구축계획(2011～2020)'을 수립하여, X자형 고속철도망* 및 ㅁ자형 네트워크 구축**, 수도권 광역·급행철도사업 추진 및 광역철도망 지속 확충***을 목표로 추진.

> * X자형 고속철도망으로, 2004년 300km/h급 경부고속철도가 개통된 이래, 2015년 350km/h급 호남고속철도가 개통되었으며, 2016년에 수도권(수서～평택) 고속철도가 개통 예정임.
> ** □자형 네트워크망으로, 청량리～춘천～속초, 청량리～원주～강릉의 동서 복선전철, 제진～강릉～삼척～포항～부산의 동해 복선전철, 소사～원시, 송산～홍성의 서해 복선전철, 목포～부산의 남해 복선전철이 부분 개통 혹은 개통 예정임.
> *** 광역철도는 1974년 8월 경부·경인·경원선 74.1km 개통을 시작으로, 경의선, 일산선, 경부·경인선, 과천·안산선, 수인선, 분당선, 신분당선, 중앙선, 경춘선, 경원선, 장항선이 운영되고 있으며, 2016년 신분당선 연장 개통 및 성남～여주간 복선전철 개통에 이어, 2020년대 초에 서울 삼성～동탄간 대심도 철도 개통 등 광역·급행철도사업 지속 추진.

그림 93. 철도 소요시간 분포 변화(서울기점, 차내시간 기준)
[출처: 제2차 국가철도망 구축계획(2011～2020), 국토교통부]

- 2013년 9월 G20 정상회의시, 한·러 정상 간 유라시아 이니셔티브*의 일환으로 우리나라 철도기술이 시베리아 횡단철도 건설에 참여하는 등 시베리아 개발 협력방안을 논의한 바 있고, 최근 한반도와 동북아의 교통물류환경이 급변함에 따라, 우리나라가 아시아와 유럽을 잇는 교통, 물류의 중심지 역할을 위한 남북 및 대륙간 복합 물류 네트워크 구축 및 실크로드 익스프레스(SRX) 구축 필요성 대두.
- '2040 국토교통미래기술예측조사' 보고서에서 우리나라는 도시 내 30분, 거점 간 60분 내에 연결되는 철도 시대가 도래할 것으로 예측함.

그림 94. 유라시아 이니셔티브

[출처: news1]

## ■ 비전 및 목표

- (비전) "대용량, 고속의 철도 수송력 확보로 전 세계 철도 수송시대 실현"
- (추진전략) 여객·화물의 대용량 수송, 1,000km/h 이상의 초고속 수송 및 고밀도 열차 운행으로 철도 수송분담률 향상, 전 세계 철도 수송시대 실현이 가능한 철도 수송력 확보

- (목표) 2020년 남북, 2030년 동북아, 2040년 유라시아 간의 원활한 철도 상호연계 운영이 가능하도록 하고, 수송 분담률*(여객 인·km기준)을 2011년 34%에서 2020년 40%, 2030년 45%, 2040년 50% 수준으로 제고

  * 철도 수송 분담률은 우리나라 전체 광역·도시철도 및 일반·고속철도를 포함.

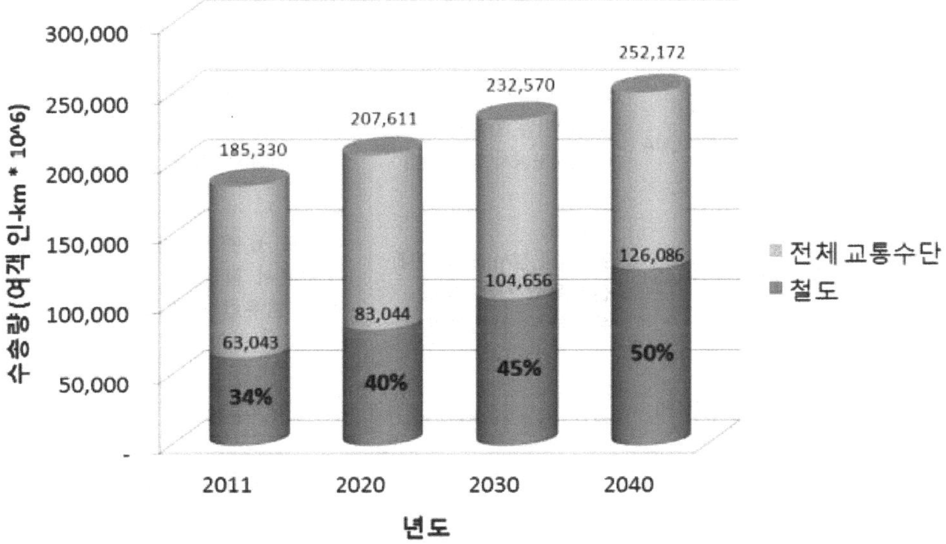


그림 95. 철도 수송량(분담률) 목표

- 『국토교통R&D 중장기 전략('14~'23)[14]』에서는 광역철도 속도향상, 400km/h급 고속철도 실용화 및 여객/화물 수송력 향상을 통해 한국철도공사 영업 기준 15.9%(08년)에서 18년까지 27%, 2023년까지 30% 달성
- 2020년까지 도시 내 30분대 연결이 가능한 급행 도시철도, 남북한 전역 주요 거점 간 90분대 연결이 가능한 500km/h대 열차를 통해 여객의 철도 수송 분담률을 여객 인·km기준으로 34%('11)*→40%('20)로 제고.

  * 한국철도기술연구원(2013), '통계로 보는 한국철도 2012'[88]
- 2030년까지 주요 거점간 45분대, 동북아 90분대 연결이 가능한 800km/h급 초고속 열차를 통해 여객의 철도 수송 분담률(여객 인·km기준)을 45%로 제고
- 2040년까지 주요 거점간 30분대, 유라시아 12시간대 연결이 가능한 1,000km/h 이상의 아음속 열차를 통해 여객의 철도 수송 분담률(여객 인·km기준)을 50%로 제고하여, 현재 철도 수송량(여객 인·km기준)을 2011년 대비 2배 향상을 목표로 정함.

- 유럽에서는 2050년까지 95%이상의 열차가 시간을 엄수하여 여객이 목적지에 정시(계획된 도착시간의 5분 이내) 도착하는 것을 목표로 제시하고 있고,
- 유럽 전역을 상호 운영이 가능한 레일 네트워크 구성을 목표로 제시[17].

표 28. 국내·외 정책 목표 및 전략 비교: 대용량·고밀도·고속화 분야

| 구분 | 발행국/기관 | 목표 | 추진전략 |
|---|---|---|---|
| 국토교통R&D 중장기 전략 ('14~'23) | 한국/ 국토부·KAIA | 2023년, 철도분담률 30% 달성 (한국철도공사 영업기준) | - 광역철도 속도향상<br>- 400km/h급 고속철도 실용화 및 여객/화물 수송력 향상 |
| Rail route 2050 | EU/ERRAC | 2050년, 95%이상 정시 도착(5분내) 선로용량 50% 향상 유럽철도 상호운영 | - 신뢰도 높은 새로운 열차제어기술 개발<br>- 도로에서 철도로의 화물용량 증가 위한 범유럽 교통네트워크화 |
| Research Map 2009 | 일본/RTRI | 2030년, 철도 이용성 향상 | - 고속화·도달 시분 단축 기술 개발 |
| 미래철도 2040 | 한국/ KAIA | 2040년, 철도분담률 50%달성 (우리나라 전체 철도 기준) | - 여객·화물의 대용량 수송<br>- 1,000km/h 이상의 초고속 수송 및 고밀도 열차 운행<br>- 전 세계 철도 수송시대 실현 |

## ■ 기술발전 로드맵

### 대용량 철도 기술

**대용량 철도 기술 || 대용량 철도수송 기술**

| 세부기술 | 2020 | 2030 | 2040 |
|---|---|---|---|
| 기술 수준 | 광역권 대용량승객/국가간화물수송초기수준 (수송분담 40% 향상) | 고속권 승객/화물 대용량수송 (수송분담 45% 향상) | 대륙간승객/화물 대용량수송 (수송분담 50% 향상) |

**대용량 철도수송 기술**

2층 전동차 설계/제작기술 → 2층 고속열차설계/제작기술 → 고속화물열차설계/제작기술

<광역2층 전동차기술>
[출처: shades.party]

<2층 고속열차 기술>
[출처: namu.wiki]

<화물운송 튜브 기술>
[출처: aurecongroup.com]

2층 전동차 운영기술 → 2층 고속열차운영기술 → 고속화물열차운영기술

<운영기술>
[출처: e.Huawei.com]

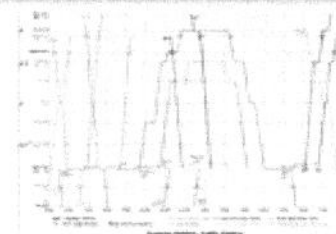
<고속화물열차 운영기술>
[출처: Virginian.mdodd.com]

대차교환자동화 장치기술 → 대용량화물환적 장치기술 → 궤간가변 대차 기술

<대차교환 자동화 기술>
[출처: alamy.com]

<궤간가변 대차 기술>
[출처: 철도연]

다국적 화물열차 복합/중련 편성기술 → 복합수단물류 연계기술

대용량화차기술

<복합화물 중련 편성>
[출처: bharatkalyan97.blogspot.kr]

<복합수단 물류 연계>
[출처: joc.com]

물류정보표준및연계기술 → 복합수단 물류정보연계기술

철도물류네트워크통합관리기술 → 국가간 자동고속통관기술

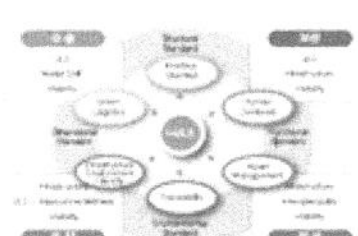
<스마트 물류정보표준화>
[출처: kscodi.or.kr]

<복합수단 물류정보연계 기술>
[출처: johomaps.com]

## 고밀도 철도 기술

### 고속화 철도 기술 ‖ 고밀도 철도수송 기술

| 세부기술 | 2020 | 2030 | 2040 |
|---|---|---|---|
| 기술 수준 | 일반열차 무선제어/<br>화물열차 자동입환 | 일반 · 고속열차<br>무선제어/논스톱운영 | 초고속열차<br>초근접제어/논스톱운영 |
| 고밀도 철도수송 기술 | 무선 열차제어 기술(일반) | 무선 열차제어 기술(고속) | 무선 열차제어 기술(초고속) |
| | 400km/h급 고정밀 차량 위치검지기술 | 500km/h급 고정밀 차량 위치검지기술 | 초고속 고정밀위치검지기술 |
| | 차상 철도시설정보취득기술 | | |
| | 자동 입환기술(화물) | 열차 자동연결분리 기술 | 열차자동연결분리 기술(비접촉) |
| | | 논스톱 열차 운영 기술 | 논스톱 열차 운영 기술 |

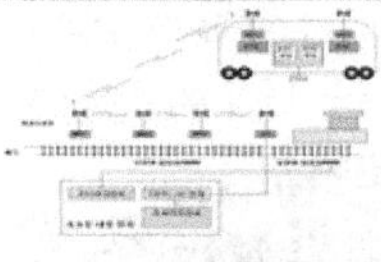

<무선통신기반 열차제어>
[사진: 한국철도시설공단]

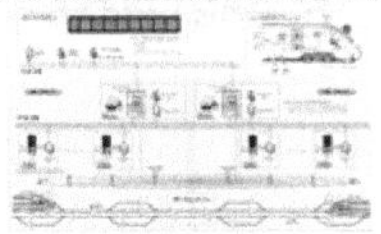

<지상철도시설 정보취득 기술>
[출처: 한국철도시설공단]

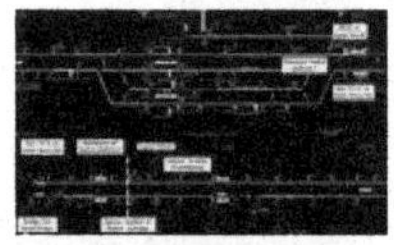

<초고속 · 고정밀 위치제어기술>
[출처: atsb.gov.au]

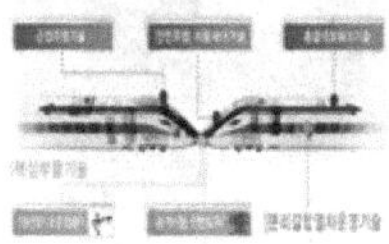

<열차 자동 분리/결합 기술>
[출처: 철도연]

<Non-stop시스템 기술>
[출처:wordlesstech.com]

## 고속화 철도 기술

### 고속화 철도 기술 || 철도수송 고속화 기술

| 세부기술 | 2020 | 2030 | 2040 |
|---|---|---|---|
| 기술 수준 | 400km/h급 | 500km/h급 | 800km/h급 |

**철도수송 고속화 기술**

- 급곡선 · 급구배 주행기술 → 소형궤도운송기술

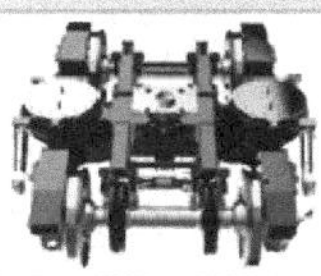

〈급곡선/급구배 주행시스템〉
[출처: 철도연]

- 대심도터널설계/시공기술

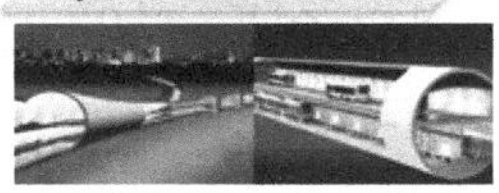

〈네트워크형 대심도터널 건설 기술〉
[출처: 건기연]

- 고속열차차량기술(400km/h) → 고속열차차량기술(500km/h)
- 고속열차인프라기술(400km/h) → 고속열차인프라기술(500km/h)

〈400km/h급 고속철도기술〉
[출처: 바이트레인]

〈고속열차 인프라 기술〉
[출처: theaustralian.com.au]

- 초고속 자기부상/안내 제어기술 → 튜브내 부상/안내 제어기술
- 초고속 자기부상 추진/급전기술(30MVA) → 추진/급전기술(50MVA)
- 차량 경량화 · 소형화 기술 → 차량 초경량화 · 소형화 기술

〈초고속 자기부상 추진제어 기술〉
[출처: washington.edu800 ]

〈초고속 급전기술〉
[출처: itrailnews.co.kr]

- 공기저항저감기술 → 공력설계기술 → 튜브 이진공제어 기술
- 초고속 자기부상선로구축물설계시공기술 → 튜브 설계/시공 기술

〈초고속 공기저항 저감 터널설계 기술〉
[출처: 철도연]

〈초고속 튜브열차 기술〉
[출처: 철도연]

# 제4절 중점추진기술 ④ : 편의·쾌적성 향상 기술

## ■ 현황

- 우리나라는 '제2차 국가기간교통망계획(2001~2020)'을 통해 고령화 사회 및 교통약자에 대비한 선진국 수준의 교통서비스 제공을 추진전략으로 제시하고, '제2차 국가철도망 구축계획(2011~2020)'을 수립하여 복합환승센터 개발, 교통약자 이용편의 제고 등 편리한 철도 이용환경 조성을 중점 추진 과제로 수립함.

- 고속철도의 개통과 전철화의 확충으로 장거리 수송 및 정시 수송이 유리해짐에 따라 최근 철도여객이 증가하는 가운데, 환승·이동 편의 문제와 미세먼지, 소음·진동 등의 쾌적성 문제가 주된 관심사로 대두됨.
  - 철도 이용을 위해 집에서 역사까지의 이동 접근성 문제와 철도간, 철도와 타 교통수단간 환승 불편 문제가 대두되고 있고, 장애인·노약자 등 교통약자의 이동 불편을 완전히 해결하지 못하고 있음.
  - 철도 여객에게 쾌적한 실내 환경을 제공하기 위해, 철도차량 객실 내 공기청정 장치와 지하역사 및 터널 내 미세먼지 제거장치를 이용하여 실내 공기질을 개선하였고, 미세먼지 제거 로봇 등 관련 기술개발이 진행 중임.
  - 철도가 고속화됨에 따라 객실 내 소음진동 문제뿐만 아니라 철도연변 소음진동 문제가 주요 이슈로 부각되면서, 이를 해결하기 위한 소음원 규명, 소음 시뮬레이션 등 소음 예측기법 개발과 함께 각종 소음진동 저감 장치 등의 기술개발이 진행 중임.

**표 29. 최근 5년간 우리나라 철도소음 민원 건수**

[출처: 한국철도시설공단]

| 2010년 | 2011년 | 2012년 | 2013년 | 2014년 | ~2015.9 | 계 |
|---|---|---|---|---|---|---|
| 288 | 299 | 312 | 327 | 224 | 293 | 1,743 |

  - 철도 여객이 종전의 종이 티켓 대신 스마트폰에서 e 티켓을 예약·발급하거나, 신용카드에 부착된 근거리 통신(Near-Field Communication, NFC) 칩에 의해 요금을 지불하는 등 Ticketless 시대가 도래하고 있음.

- 한편, 미래 운전자가 단순히 목적지만 입력하고 별도의 조작없이 자동차 스스로 주행환경을 인식하고 지능적으로 가감속·차선변경 등 자율주행 제어하여 원하는 목적지까지 주행 가능한 스마트 자율주행 자동차*가 등장할 것으로 예측하고 있어, 이에 발맞춰 자율주행자동차가 철도와 연계되어 장거리 수송이 가능한 편리한 철도로의 대비가 필요함.
  - 우리나라는 2015년 자율주행 자동차 완성차 개발에 착수하여 2017년 평창올림픽 시범운행을 통해, 2020년 부분 자율주행 수준(일부 레벨3)의 자율주행 자동차를 상용화할 계획임.
  - 2040년에는 이러한 자율주행 자동차 혹은 개인용 소형궤도차량(PRT)이 별도의 환승 없이 차량 자체가 열차 또는 항공기에 탑재되어 장거리 수송이 가능한 철도 기술개발이 요구됨.

* 자율주행자동차: 위성항법·센서 등으로 위치를 측정하고 주행환경을 인식, 연산장치로 가감속·차선변경 등 자율주행을 제어하여, 운전자의 조작없이 목표지점까지 스스로 주행환경을 인식하여 운행하는 최첨단 자동차(국토교통부, 2015년)

그림 96. 무인자율주행에 따른 차내 환경변화

[출처: BMW블로그]

그림 97. 국내 무인자동차 시험주행

[출처: SBS]

## ■ 비전 및 목표

- (비전) "기종점간 단절없는(Seamless), 집처럼(Home-like) 안락·쾌적한 철도수송시대 실현"

- (추진전략) 장애인·노약자를 포함한 모든 승객이 철도를 이용하여 기·종점간 단절 없는 문전수송이 가능하고, 집처럼 안락한 승차감, 지능적인 공조, 무(無)소음·진동 구현을 통해 편안하고 쾌적한 철도 환경 구현

- (목표) 장거리 철도 여행 및 도시철도간 연계 혹은 도시내 타 교통수단간 연계 여행이 목적인 여객이 철도 이동시간을 제외한 순수히 열차를 타기 위한 보행 접근 시간, 개표 등 대기시간, 환승시간 등 철도 이용을 위해 소요되는 시간을 현재 대비 2020년까지 10%, 2030년 30%, 2040년 50% 단축하고, 철도 소음진동을 2020년까지 5dB, 2030년까지 10dB, 2040년까지 20dB 저감
  - 여행 중 목적지 선택, 여행 중 교통비 지불 등 여객의 교통수단 선택 자유도 제고 등 유연성 확보와 여행중 실시간 정보 제공을 통한 편리한 여행 서비스 제공으로 매·개표 등 대기시간 및 여행중 의사결정 시간 단축을 교통분야의 메가 트렌드로 제시[89].

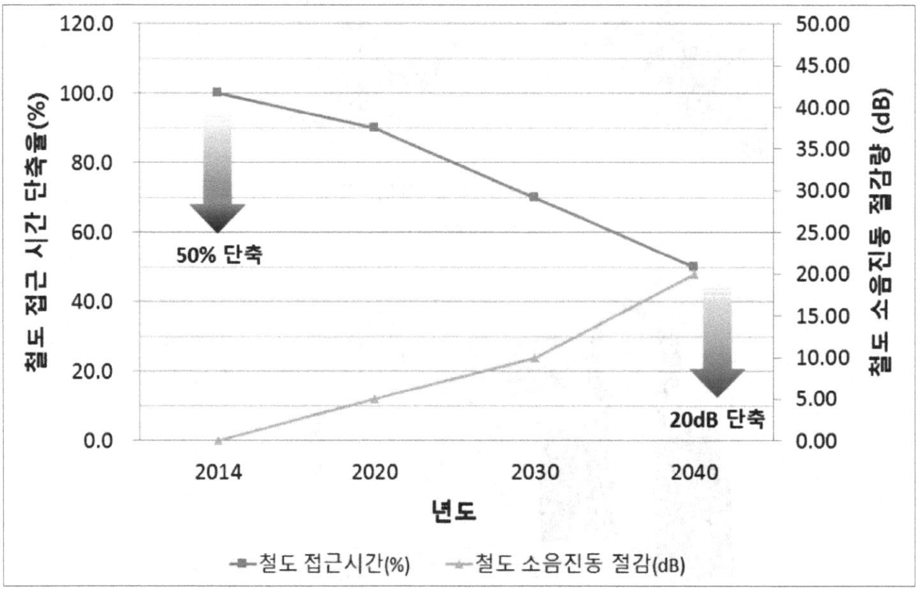


그림 98. 철도 접근시간 단축 및 철도 소음진동 절감 목표

- 유럽에서는 2050년까지 개선된 정보통신시스템을 통하여 실시간 교통여정 정보 서비스를 제공하는 등 여객이 철도를 포함한 서로 다른 교통수단간 연계 여행에서도 편하고 원활한 여행을 즐길 수 있도록 하는 것을 목표로 제시[17].
- 유럽연합에서는 철도 소음·진동이 더 이상 철도에 문제가 되지 않도록 2050년까지 소음수준을 사회·경제적으로 수용 가능한 수준으로 저감시켜서 24시간 승객·화물 운송을 가능케 하려는 목표를 제시[18].

그림 99. 문전수송 위한 복합교통수단간 연계정보 검색시스템 [출처: CWT]

표 30. 국내·외 정책 목표 및 전략 비교: 편의·쾌적성 향상 분야

| 구분 | 발행국/기관 | 목표 | 추진전략 |
|---|---|---|---|
| 국토교통R&D 중장기 전략 ('14~'23) | 한국/ 국토부·KAIA | 2023년, 서울지하철 10대 혼잡구간 평균혼잡도 30% 저감 | - 철도 이용편의/접근성 향상<br>- Seamless 철도 위한 이용자 중심의 철도이용정보제공 기술 개발<br>- 쾌적한 철도환경 마련 위한 기술 개발 |
| Rail route 2050 | EU/ERRAC | 2020년, 역사개선<br>2050년, Seamless 단일유럽철도 상호운영 | - 편안한 역사 대기공간 설계<br>- 실시간 교통여정 정보서비스를 제공<br>- Seamless 개념의 Intermodal수송 |
| A strategy 2030+ for the european railway sector | 유럽/ CER·UIC | 2050년, 철도 소음진동문제 해방 미세먼지 제로 배출 | - 사회·경제적 수용가능수준으로 소음진동 저감<br>- 전철화 실행($NO_x$, $PM_{10}$ 제로화)<br>- 24시간 철도·화물 운행 서비스 |
| Research Map 2009 | 일본/RTRI | 2030년, 편리하고 쾌적한 철도 구축 | - Seamless 수송·Intermodal 수송<br>- 고품질 차내 시·공간 서비스 제공<br>- Barrier free(신체면&정보면)<br>- 지역 사회와의 융합·도심재생 지원 |
| 미래철도 2040 | 한국/ KAIA | 2040년, 철도접근시간 50%단축 철도소음진동 20dB저감 | - Seamless door-to-door 서비스<br>- 집처럼 안락한 승차감, 지능적인 공조, 무(無)소음·진동 구현을 통한 편안하고 쾌적한 철도 환경 구현 |

## ■ 기술발전 로드맵

### ● 편의성 향상 기술

**편의성 향상 기술 ‖ 기종점간 단절없는 철도이용 기술**

| 세부기술 | 2020 | 2030 | 2040 |
|---|---|---|---|
| 기술 수준 | 이동 · 환승 편의 향상 | 자율이동 및 논스톱 환승 | 문전수송 및 무환승 |
| 기종점간 단절없는 철도이용 기술 | 건물내 이동편의 향상기술 | 건물내 자율이동기술 | 문전수송기술 |
| |  <3차원 이동 엘리베이터> [출처: 과학동아] |  <선로 및 수직이송 기술> [출처: 국토교통부] | |
| | 철도 환승편의성 향상기술 | 철도 논스톱 환승기술 | 철도 무환승기술 |
| | 여객제공정보 표준 | | 철도-철도간 무환승기술 |
| | 이동경로정보제공기술 | 철도-해운간 무환승기술 | 철도-항공간 무환승기술 |
| | 연계교통통합정보제공기술 | | |
| | | Gateless/Ticketless 이용기술 | |
| | 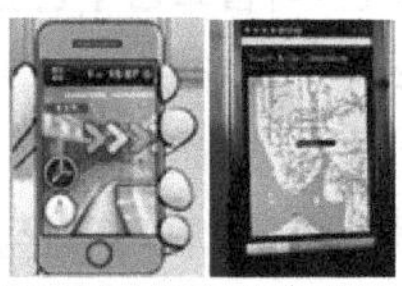 <이동경로/연계교통 정보제공 기술> [출처:[좌] 철도연, [우]newyork.thecityatlas.org] |  <Gateless/Ticketless 기술> [출처: ARUP] |  <PRT · 열차 연계 기술> [출처: Macromolecular Rapid Communications] |
| | 자동이동방식 PRT시스템 | 자율이동방식 PRT시스템 | 개인 캡슐형 철도시스템 |
| |  <PRT 철도시스템 기술> [출처: economictims.indiatimes.com] | | |

## 편의성 향상 기술 ‖ Universal 철도이용 기술

| 세부기술 | 2020 | 2030 | 2040 |
|---|---|---|---|
| 기술 수준 | 맞춤형 정보제공 | 맞춤형 가상공간제공 | 맞춤형 가상공간 창출 |
| Universal 철도 이용 기술 | 유니버설철도차량기술<br>맞춤형 좌석 기술<br>맞춤형 승하차기술 | 차내 맞춤형 Phygital 기술 | 여객 맞춤형가상공간창출기술 |
| | 유니버설철도역사기술 | 역내 맞춤형 Phygital 기술 | |
| | 유니버설 역사디자인 | | |

<맞춤형 좌석 기술>
[출처: stuff.co.nz]

<차내 맞춤형 Phygital 기술>
[출처: Hitachi]

<여객 가상공간 창출 기술>
[출처: skyscanner]

<유니버설철도역사 기술>
[출처: fastcoexist.com]

<여객 Phygital 기술>
[출처: aseancruising.com]

<가상 소핑월 기술>
[사진: 연합뉴스]

## 쾌적성 향상 기술

### 쾌적성 향상 기술 || 철도차량 쾌적화 기술

| 세부기술 | 2020 | 2030 | 2040 |
|---|---|---|---|
| 기술 수준 | 소음/진동/분진 저감 | 소음/진동/분진 차단 | 無소음/진동/분진 철도차량 |
| 철도차량 쾌적화 기술 | 광역도시철도차량소음저감기술 | 광역/도시철도차량차음기술 | 無소음진동차량기술 |
| | 고속철도차량소음저감기술 | 고속철도차량차음기술 | |
| | 차내 미세먼지 저감기술 | 차내 미세먼지 차단기술 | 無분진 차량 기술 |
| | 메카트로닉주행제어기술(소음저감) | 아이트로닉 주행제어기술 | |
| | 차량별 자동냉난방공조기술 | 차내 구역별 냉난방제어기술 | 좌석별 독립냉난방공조기술 |

〈無소음진동 차량 기술〉
[사진: yosoh.com]

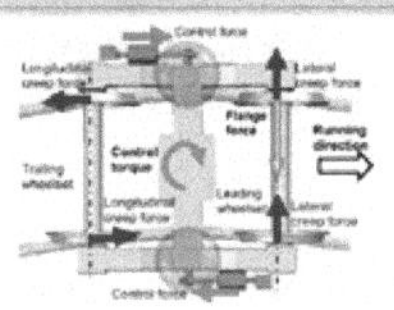

〈차량 능동 주행제어기술〉
[출처: 동경대/스미토모금속]

〈아이트로닉 주행제어 기술〉
[출처: 철도연]

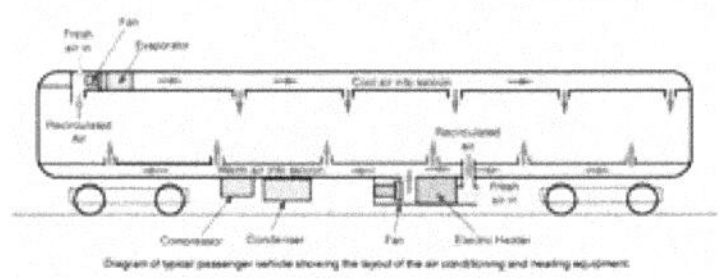

〈자동 냉난방 제어기술〉
[출처: railway-technical.com]

〈독립냉난방공조기술〉
[출처: futurefunk.wordpress.com]

## 쾌적성 향상 기술 ‖ 철도연변 및 인프라 쾌적화 기술

| 세부기술 | 2020 | 2030 | 2040 |
|---|---|---|---|
| 기술 수준 | 소음/진동/분진 저감 | 소음/진동/분진 차단 | 無소음/진동/분진 철도인프라 |
| 철도연변 및 인프라 쾌적화 기술 | 철도연변 소음진동저감기술 | 철도연변차음기술 | 철도연변 無소음진동 기술 |
| | 역內 소음진동저감기술 | 역內 차음기술 | 역內 無소음진동 기술 |
| | 역/터널內미세먼지감소기술 | 역/터널內미세먼지차단기술 | 역/터널內無분진기술 |
| | 지하터널 크리닝기술 | 지하터널 자동크리닝기술 | 지하터널 자가크리닝기술 |
| | 역내 자동냉난방공조기술 | 역내구역별냉난방공조기술 | 여객별 독립냉난방공조기술 |

〈소음진동/먼지 저감기술〉
[출처: 환경산업기술원]

〈소음진동/먼지 차단 기술〉
[출처: ctmesh.com]

〈無소음진동/먼지 기술〉
[출처: innotrans de]

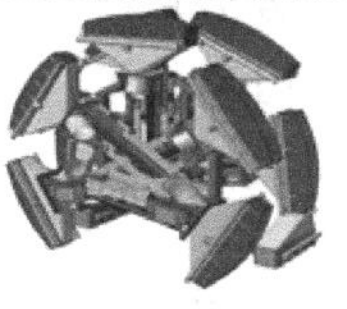

〈터널 크리닝 열차〉
[출처: citymetric.com]

〈역내 자동 냉난방 공조시스템〉
[출처: guiding-archtects.net]

## 제5절 중점추진기술 ⑤ : 저비용 철도 구축 기술

### ■ 현황

- 국외는 핵심기술을 보유한 북미·유럽 기업들이 차량과 신호제어 분야 등 주요 철도 시장을 선점한 가운데 중국은 내수시장을 바탕으로 급부상 중이며, 국내는 연간 5천억원 내외의 작은 철도차량 시장규모와 불규칙한 차량 발주로 인해 대부분의 기업이 영세한 규모임[국토교통 R&D 중장기 전략].
  - 봄바르디어(캐나다), 지멘스(독일), 알스톰(프)의 Big3 기업과 중국기업이 철도 차량시장 60%를 점유하고 있고, 제동장치는 Knorr-Bremse, 신호제어장치는 안살도 등이 독과점 하는 등 특정 대기업 또는 강소기업이 점유하고 있음.
  - 현대로템(대), 우진산전(중견) 외 231개 차량 관련업체 중 94%(218개)가 임직원 50인 이하의 영세 중소업체이며, 도시철도를 중심으로 차량, 철도부품 및 전장 품류 등을 수출 중임.

- 철도차량 관련 내수시장은 작지만, 국가철도망 구축계획 등을 통해 고속철도 등 국내 철도 신선 건설과 복선·전철화 사업, 철도시설 개량사업, 경전철 건설사업 등 철도 수요 및 투자는 지속 증가할 것으로 전망됨[국토교통 R&D 중장기 전략].
  - 제2차 국가철도망 구축계획(2011～2020)의 고속철도, 일반철도, 광역철도, 물류 철도망 확충 계획에 따라, 고속철도는 2010년 기준 368.5km를 2020년 701.3km로 332.8km 증설되고, 일반철도도 2010년 기준 3,082.5km에서 2020년 3,789.7km로 707.2km 증설되며, 대도시 교통난 해소를 위한 광역철도망을 2010년 기준 106.3km에서 2020년 443.1km로 336.8km 확충될 예정임.

표 31. 국가 철도망 구축계획(2011～2020)

(단위: km)

| 구분 | 2010년 | 2020년 | 증가량 |
|---|---|---|---|
| 고속철도 | 368.5 | 701.3 | 332.8 |
| 일반철도 | 3,082.5 | 3,789.7 | 707.2 |
| 광역철도 | 106.3 | 443.1 | 336.8 |
| 인입철도 | 178.2 | 269.1 | 90.9 |
| 계 | 3557.3 | 4,934.1 | 1,376.8 |

- 또한, 산업단지·물류거점을 연결하는 대량수송 철도물류 네트워크 구축을 위해 인입철도를 2010년 기준 178.2km에서 2020년 269.1km로 90.9km 확대되는 등 2010년 기준 철도 전체 연장 3,557.3km에서 2020년 4,934.1km로 1,376.8km 확충하는 것을 추진 중임.

* 2015년 말 수립 예정으로 현재 제3차 국가철도망 구축계획(2016~2025) 이 구상 중에 있으며, 경원선, 금강산선, 동해북부선 등 남북철도 연결, 호남~제주 해저철도, 군산~목포 철도, 광주~대구 철도, 광주~부산 철도 등이 검토되는 등 지속적인 철도망 확충 계획에 있음.

- 제2차 철도산업발전기본계획(2011~2015)을 통해, 5년간 철도산업에 총 48.6조 원을 투자하여 철도 인프라 확충 및 열차 고속화, 친환경성·에너지 효율성 등을 통한 철도 수송분담률 증가, 첨단 철도기술 개발 및 상용화를 토대로 철도를 고부가가치 수출 전략산업으로 성장 추진.

표 32. 철도의 총 투자규모(2011~2015)

(단위: 조)

| 구분 | 철도건설 | 시설개량 | 철도안전 | 철도기술 | 철도인력 | 계 |
|---|---|---|---|---|---|---|
| 투자비 | 43.00 | 4.66 | 0.46 | 0.46 | 0.01 | 48.59 |

- 국내 도시철도의 경우에도, 부산-김해, 의정부, 용인, 대구3호선 등의 경전철이 개통되어 운영 중에 있고, 2013년 기준 전국 21개 지자체에서 연계 교통망 확충을 위해 13조 8,810억 원 규모의 경전철 사업을 추진 중이고, 전국적으로 78개 노선의 경전철이 추진 및 계획 중에 있음.
  - 서울시 경전철 건설 계획에 따르면, 우이~신설선, 신림선 등 8개 노선(75.7km 연장), 총 사업비 4조 8,503억 원의 경전철 사업을 확정·시행 중에 있고, 송파 등 4개 노선이 검토 중에 있음.
  - 경기 수도권의 경우, 기 운영 중인 의정부, 용인 경전철 외, 수원, 김포, 성남, 인천 등에서 9개 노선(142km 연장), 총 사업비 5조 8천여억 원의 경전철 사업을 추진 혹은 검토 중에 있음.
  - 기 운영 중인 부산4호선, 부산~김해선, 대구3호선 외, 광주, 대전 등에서 5개 노선(103.4km 연장), 총 사업비 4조 4천여억 원의 경전철 사업을 추진 혹은 검토 중에 있음.

그림 100. 서울시 경전철 사업계획
[출처: 시사위크, 2015.6]

- 이에 따라, 철도산업의 국내 시장 규모는 2014년 4조원에서 2023년 12조원으로 연평균 12% 지속 성장할 것으로 예상

표 33. 철도산업의 국내시장 규모 전망 [출처: 국토교통R&D 중장기 전략]

(단위: 조)

| 구분 | '14 | '15 | '16 | '17 | '18 | '19 | '20 | '21 | '22 | '23 |
|---|---|---|---|---|---|---|---|---|---|---|
| 국내시장 규모 | 4.472 | 5.000 | 5.590 | 6.250 | 6.988 | 7.813 | 8.735 | 9.766 | 10.918 | 12.207 |

## ■ 비전 및 목표

- (비전) "철도시스템의 저비용 구축과 부가가치가 높은 철도 핵심장치 확보를 통한 철도 경쟁력 향상"

- (추진전략) 생애주기비용(Life Cycle Cost: LCC)을 고려한 철도시스템 설계와 저비용의 철도차량 제작 및 인프라 건설·구축과 함께, 세계 시장 점유율이 높은 고부가가치 철도 핵심 소재·부품·장치 다량 확보

- (목표) 철도 인프라 건설·구축비를 2020년 10%, 2030년 20%, 2040년 30% 절감하고, 고부가가치 철도핵심부품 강소기업을 2020년 4개 기업, 2030년 7개 기업, 2040년 10개 기업으로 육성

- 『국토교통R&D 중장기 전략('14~'23)[14]』에서는 고비용 철도건설방식의 개선과 신개념 철도건설 기술의 확보를 통해 2018년까지 철도 건설비 5%, 2023년까지 10% 절감하고,
- 철도 핵심부품장치 기술 확보를 통해 2018년 철도부품 강소기업 3개 이상, 2023년 5개 이상 육성[14]

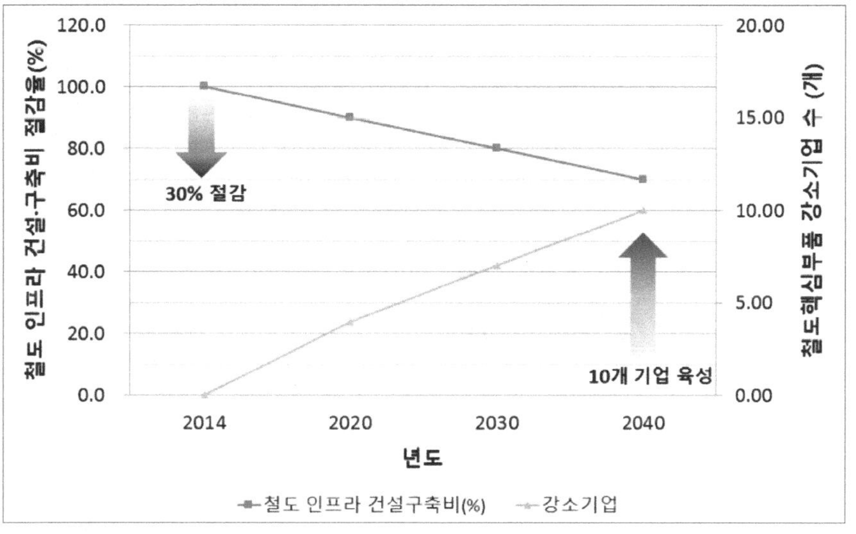


그림 101. 철도 인프라 건설·구축비 절감 및 부품 강소기업 육성 목표

표 34. 국내·외 정책 목표 및 전략 비교: 저비용 철도 구축 분야

| 구분 | 발행국/기관 | 목표 | 추진전략 |
|---|---|---|---|
| 국토교통R&D 중장기 전략 ('14~'23) | 한국/ 국토부·KAIA | 2023년, 철도 건설비 10% 절감 | - 고비용 철도건설방식의 개선과 신개념 철도건설 기술 개발<br>- 철도 건설비 절감효과가 큰 인프라 설계·시공기술 개발 |
| Rail route 2050 | EU/ERRAC | 2020년, 신규 철도차량 제작 및 인프라 구축비용 절감 | - 차량 및 인프라의 전생애 자산관리 시스템을 활용한 생애주기비용(LCC) 절감 |
| Research Map 2009 | 일본/RTRI | 2030년, 고효율 에너지형 저비용 철도 구축 | - 철도 구성요소의 표준화<br>- 철도의 보수·수명 연장 기술 개발<br>- 범용 무선에 의한 저비용 열차 제어<br>- 교량 수명연장 기술 개발 |
| 미래철도 2040 | 한국/ KAIA | 2030년, 철도 인프라 건설·구축비 30% 절감, 10개 강소기업 육성 | - 생애주기비용(LCC)을 고려한 철도시스템 설계<br>- 저비용 철도차량 제작 및 인프라 구축<br>- 고부가가치 철도 핵심 소재·부품·장치 개발 |

## ■ 기술발전 로드맵

● 저비용 건설·제작 기술

### 저비용 건설 · 제작 기술 || LCC 절감을 위한 철도 건설 · 제작 기술

| 세부기술 | 2020 | 2030 | 2040 |
|---|---|---|---|
| 기술 수준 | 철도 건설 · 제작비 절감 | LCC 최소화 건설 · 제작 | LCC 최적화 건설 · 제작 |
| LCC 절감 위한 철도 건설 · 제작 기술 | 교량·고가 LCC절감 설계/시공기술 | 교량·고가 LCC최소화 설계/시공기술 | 교량·고가 LCC최적화 설계/시공기술 |
| | 터널 LCC절감 설계/시공기술 | 터널 LCC최소화 설계/시공기술 | 터널 LCC최적화 설계/시공기술 |
| | 궤도 LCC절감 설계/시공기술 | 궤도 LCC최소화 설계/시공기술 | 궤도 LCC최적화 설계/시공기술 |
| | E&M LCC절감 설계/구축기술 | E&M LCC최소화 설계/구축기술 | E&M LCC최적화 설계/구축기술 |
| | 차량 LCC절감 설계/제작기술 | 차량 LCC최소화 설계/제작기술 | 차량 LCC최적화 설계/제작기술 |

〈노후철도 진단 · 저비용 개보수 기술〉
[출처:thetransitpass.wordpress.com]

〈철도 제작 · 건설 로봇 기술〉
[출처: en.wikipedia.org]

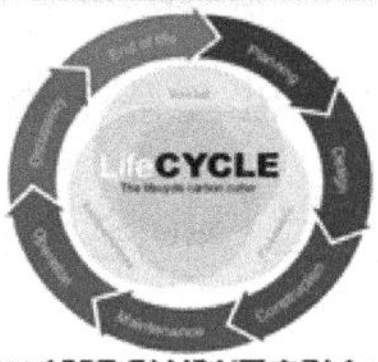


〈E&M LCC절감설계/구축기술〉
[출처: tunneltalk.com]

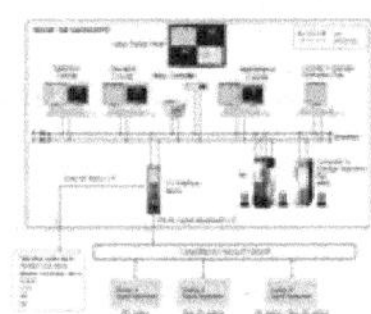

〈E&M LCC최적화 기술〉
[출처: techville.biz]

〈철도 제작 · 건설 자동화 기술〉
[출처:kawasakirailcar.com]

## 고부가 철도 기술

### 고부가 철도 기술 ‖ 고부가가치 철도 소재 · 부품 · 장치 기술

| 세부기술 | 2020 | 2030 | 2040 |
|---|---|---|---|
| 기술 수준 | 세계시장점유율 3위권내 4개 이상 | 세계시장점유율 3위권내 10개 이상 | 세계시장점유율 3위권내 20개 이상 |
| 고부가가치 철도 소재 · 부품 · 장치 기술 | 철도차량 경량소재기술 | 철도차량 다기능복합소재기술 | 철도차량 초경량복합소재기술 |
| | 철도차량 부품 호환기술 | | |
| | 철도차량 표준모듈기술 | | |

〈고부가가치 철도부품 · 장치〉
[출처: Alstom]

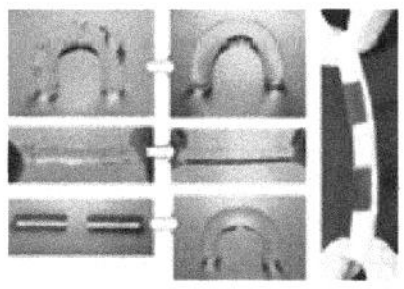

〈형상기억 다기능 복합소재〉
[출처: Macromolecular Rapid Communications]

〈초경량 복합소재〉
[출처: Alstom]

고부가가치형 철도차량 부품/장치 기술 (2020 → 2040)

〈고부가가치형 철도차량 부품/장치 제작 기술〉
[출처: todayonline.com]

고부가가치형 철도인프라 부품/장치 기술 (2020 → 2040)

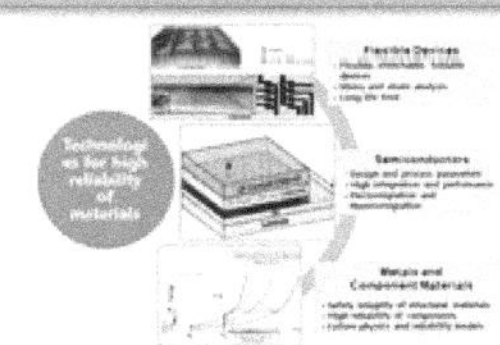

〈고 신뢰성 인프라 소재〉
[출처: mse.unist.ac.kr]

## 제6절 중점추진기술 ⑥ : 고효율 철도 운영 기술

### ■ 현황

- 철도운영기관에서는 안전한 열차 운행을 위하여 철도 차량 및 선로, 토목, E&M (신호, 통신, 전력 등) 시설에 대하여 매년 유지보수 계획을 수립하여 지속적인 유지보수작업을 수행하고 있으며, 이를 위해 매년 상당한 유지보수비용이 투입되고 있음.
  - 2014철도통계에 따르면, 도시철도를 제외한 국내 일반 및 고속철도 주요 차량 및 시설 현황은 아래 표와 같으며, 매년 차량 유지보수·개량비로 약 2천억 원이, 시설 유지보수비로 약 6천억 원이 소요되고 있음.

표 35. 주요 철도시설 현황 [출처: 2014철도통계연보]

| 구분 | | 내용 | 비고 |
|---|---|---|---|
| 선로 | 본선 | 6,432.665 km | 50kg레일: 5,416.241 km<br>60kg레일: 3,049,105 km |
| | 측선 | 2.032.681 km | |
| 교량 | | 3,033 개소 | 438.485 km |
| 터널 | | 686 개소 | 611.303 km |
| 정거장 | | 1,739 동 | 연면적: 2,276,841m$^2$ |
| 전철설비 | | 전철연장 2,456.7 km<br>변전설비 266 개소 | 변전소 51개소<br>구분소 51개소<br>보조구분소 141개소<br>병렬급전소 23개소 |
| 통신설비 | | 6,827 km | 동케이블 3,588km<br>광케이블 3,239km |
| 신호설비 | | CTC 2,817 km<br>ATC 432.9 km<br>ATS 3,064 km<br>연동장치 543 역<br>건널목 1,058 개소 | |

표 36. 철도차량 현황 [출처: 2014철도통계연보]

| 구분 | 고속철도 차 량 | 디젤 기관차 | 디젤 동차 | 전기 기관차 | 전기 동차 | ITX-청춘 | 객차 | 화차 |
|---|---|---|---|---|---|---|---|---|
| 량수 | 1,160 | 309 | 204 | 200 | 2,624 | 64 | 958 | 11,413 |

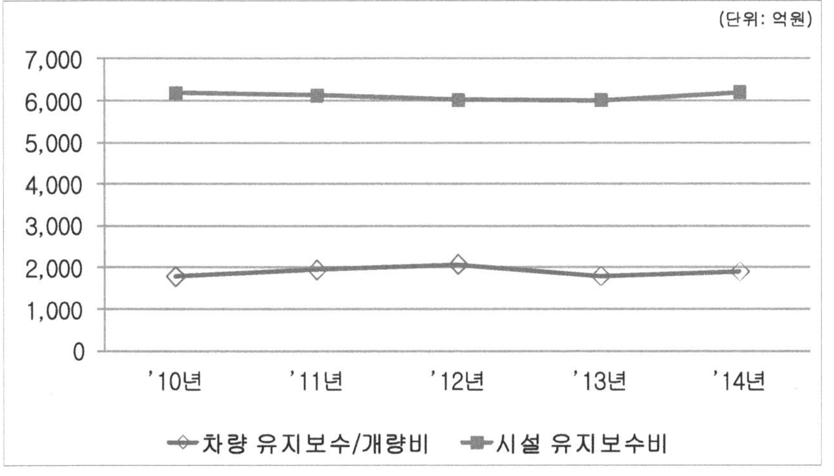


그림 102. 국내 철도 차량 및 시설 유지보수비 [출처: 한국철도공사]

## ■ 비전 및 목표

- (비전) "유지보수가 필요 없는(Maintenance-free) 철도로 24시간 철도운행 서비스 실현"

- (추진전략) 유지보수가 필요 없는(Maintenance-free) 철도시스템 도입과 고도화된 유지보수 기술에 의한, 철도운영 중 유지보수 병행으로 24시간 철도운행서비스 제공을 통한 운영 효율 극대화.

- (목표) 철도 운영·유지비를 2020년 10%, 2030년 25%, 2040년 50% 절감.
  - 『국토교통R&D 중장기 전략('14～'23)[14]』에서는 현재의 비효율적인 유지보수 방식의 개선과 선진화된 지속가능한 철도 유지관리 체계 구축으로 2018년까지 철도 운영·유지비 5%, 2023년까지 10% 절감[14].
  - 유럽에서는 2050년까지 고효율의 유지보수와 maintenance-free 개념의 인프라 시스템 개발, 신뢰성 높은 궤도시스템과 유지보수 자동화를 통해 유지보수비 50% 이상 절감을 목표로 정하고 있고[17],

- 지능적이고 자동화된 열차 운영 등 개선된 철도 운영과 관리, 혁신적인 철도 차량의 도입 및 유지보수 장비의 혁신을 통한 비용 절감 및 RAMS 향상으로 유지보수를 위한 선로사용시간을 줄임으로써 현재의 철도 용량을 2배로 늘리는 것을 목표로 정함[17].

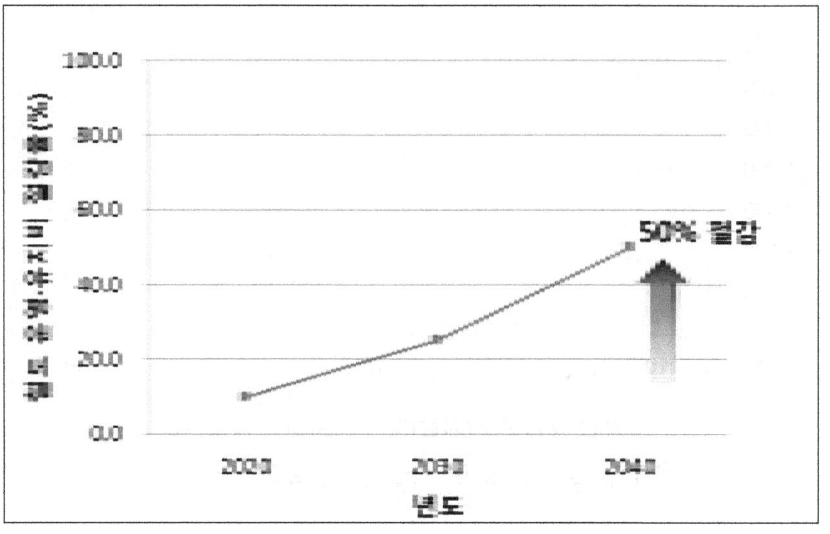


그림 103. 철도 운영·유지비 절감 목표

표 37. 국내·외 정책 목표 및 전략 비교: 고효율 철도운영 분야

| 구분 | 발행국/기관 | 목표 | 추진전략 |
|---|---|---|---|
| 국토교통R&D<br>중장기 전략<br>('14～'23) | 한국/<br>국토부·KAIA | 2023년,<br>철도 운영·유지비<br>10% 절감 | - 철도차량 및 인프라 유지관리비용 절감위한 첨단 ICT 융복합기술 개발<br>- 생애주기 관점의 철도차량 및 인프라 유지보수 관리기술 개발 |
| Rail route 2050 | EU/ERRAC | 2050년,<br>인프라 유지보수비용<br>50% 이상 절감 | - 고효율 유지보수, 신뢰성 높은 궤도시스템 등 maintenance-free 인프라 도입 및 유지보수 자동화<br>- 노후 인프라의 정밀 감시·진단과 혁신적인 고정밀 재생기술을 이용한 인프라 건전성 향상<br>- 차량 및 인프라의 손상 저감을 통한 유지보수 및 재생 활동 감소<br>- 검사, 유지보수 및 운영 자동화 |
| 미래철도 2040 | 한국/<br>KAIA | 2023년,<br>철도 운영·유지비<br>50% 절감 | - Maintenance-free 철도시스템 도입<br>- 유지보수 기술 고도화<br>- 철도운영 중 유지보수로 24시간 철도운행서비스 실현 |

## ■ 기술발전 로드맵

### 고효율 유지보수 기술

### 고효율 유지보수 기술 ‖ 철도시스템 유지보수 고도화 기술

| 세부기술 | 2020 | 2030 | 2040 |
|---|---|---|---|
| 기술 수준 | 차량 · 인프라 검사 · 검측 고도화 | 차량 · 인프라 유지보수 고도화 | 차량 · 인프라 유지보수 과학화 |
| 철도시스템 유지보수 고도화 기술 | 철도차량 검사기술 | 철도차량고속검사기술 | 철도차량초고속검사기술 |
| | 철도인프라 검측기술 | 철도인프라정밀 · 고속검측기술 | 철도인프라초고속검측기술 |
| | 상태기반 차량유지보수기술 | 차량 유지보수 고도화 기술 | 차량유지보수과학화기술 |
| | 상태기반 인프라유지보수기술 | 인프라유지보수고도화기술 | 인프라유지보수과학화기술 |
| | 유지보수최적알고리즘 | 무인 상태감시 기술 | 상태감시로봇기술 |
| | 노후철도 저비용개보수기술 | 저비용 철도개량기술 | |
| | 노후철도 상태평가진단기술 | | |

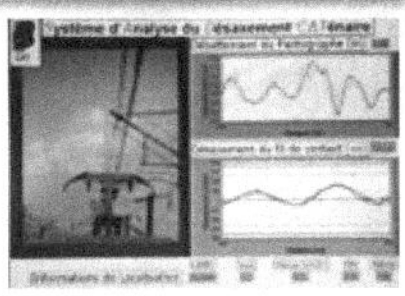
〈철도 검사 · 검측 고도화기술〉
[출처: gettyimages.co.uk]

〈차량 초고속 검사기술〉
[출처: railway-news.com]

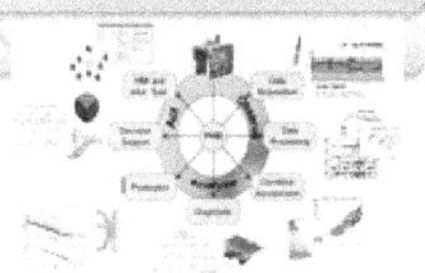
〈빅데이터 · 상태기반 철도 유지보수 기술〉
[출처: 철도연]

〈차량 유지보수 고도화〉
[출처: slideshare.net]

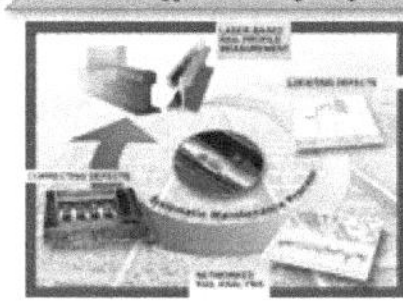
〈철도 유지보수 과학화 기술〉
[출처: analog.com]

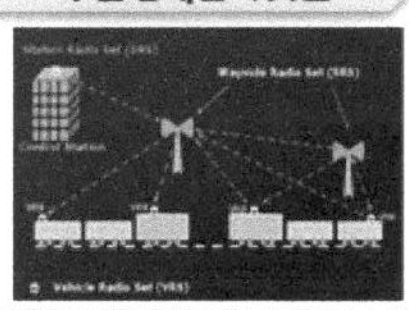
〈무인상태 감시 및 추적시스템〉
[출처: intlrailsafety.com]

〈노후철도 평가진단 기술〉
[출처: ni.com]

〈저비용 철도개량 기술〉
[출처: wsdot.wa.gov]

## 고효율 유지보수 기술 || Maintenance-free 철도시스템 기술

| 세부기술 | 2020 | 2030 | 2040 |
|---|---|---|---|
| 기술 수준 | 차량 · 인프라 손상 최소화 | 차량 · 인프라 손상 복원 고도화 | 차량 · 인프라 無손상(자가복원) |
| Maintenance-free 철도시스템 기술 | 철도차량 손상최소화기술 | 차량손상 자가복원기술 | 無손상 차량기술 |
| | 철도인프라 손상최소화기술 | 인프라손상 자가치유기술 | 無손상 인프라기술 |
| | | 차량 탑재 상시 자가복원로봇 기술 | 차량 탑재 상시 자가복원로봇 기술 |
| | | 손상 자가인식차량기술 | 상시 자가복구/크리닝로봇기술 |
| | | 손상 자가인식인프라기술 | |

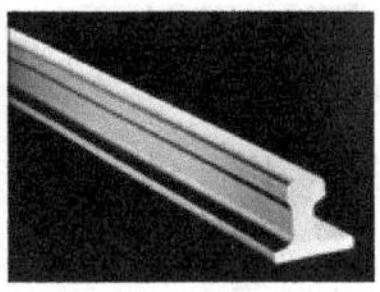
<고강도 · 고내구성 재료 기술>
[출처: 연합뉴스]

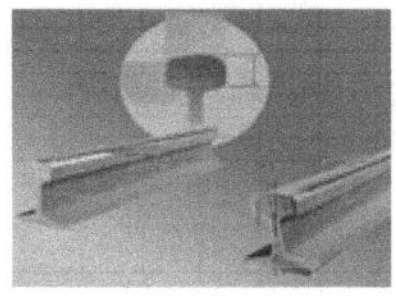
<손상 복원 고도화기술>
[출처: analog.com]

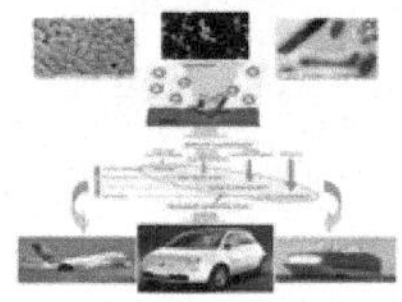
<철도손상 자가복원/치유 기술>
[출처: sintef.no]

<손상 자가인식 능 인프라 기술>
[출처: KAIST]

<상시자가 크리닝 로봇기술>
[출처: aldar.com.tw]

## 고효율 운영 기술

### 고효율 운영 기술 ‖ 24시간 철도운영 서비스 기술

| 세부기술 | 2020 | 2030 | 2040 |
|---|---|---|---|
| 기술 수준 | 지능형 관제 · 유지보수 자동화 | 스마트 관제 · 유지보수고속 · 자동화 | 무인 통합관제 · 운행/유지보수 병행화 |

**24시간 철도운영 서비스 기술**

**자능형 관제기술 › 스마트 통합관제 기술 › 통합관제 인공지능 기술**

〈지능형 감시 · 보안 및 운행 관제기술〉
[출처: pleora.com]

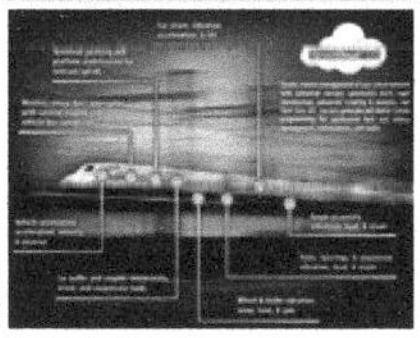

〈이상감지 · 사고재난능동대응 스마트 통합 관제 기술〉
[출처: railway-news.com]

〈무인 통합관제 위한 인공지능 기술〉
[출처: aldar.com.tw]

**차량 유지보수자동화기술 › 차량 유지보수고속화기술 › 차량 운행중 유지보수기술**

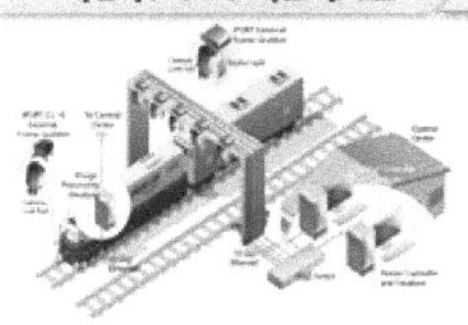

〈철도 결함 자동 스캐닝 기술〉
[출처: pleora.com]

〈철도 유지보수 고속 · 자동화 로봇 기술〉
[출처: railway-news.com]

**인프라 유지보수자동화기술 › 인프라 유지보수고속화기술 › 인프라 운행중 유지보수 기술**

〈궤도 유지보수 자동화 검측〉
[출처: railway-news.com]

〈인프라 유지보수 고속 · 자동화 로봇 기술〉
[출처: fassi.com]

〈인프라 유지보수 로봇기술〉
[출처: freightrailwork.org]

**연계교통통합정보제공기술 › 타교통 연계 운영기술 › 연계교통통합운영 기술**

〈스마트교통정보시스템〉
[출처: printerest.com]

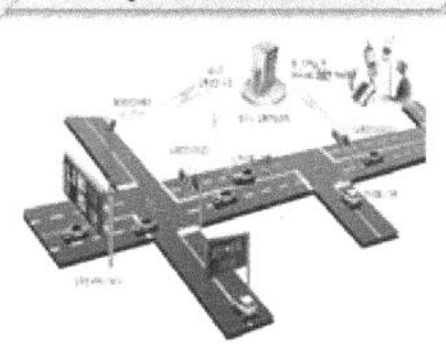

〈타교통 연계운영관리시스템〉
[출처: blog.daum.net]

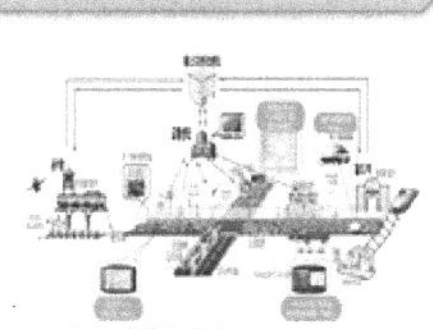

〈연계교통 통합운영 기술〉
[출처: kits.or.kr]

# 제5장 한국철도 미래상

미래철도 전망 2040

# 제5장 한국철도 미래상

이상에서의 미래 메가트렌드, 철도환경 변화와 철도기술 발전에 따라, 2020년, 2030년, 2040년 우리나라 철도의 미래 모습을 광역·도시철도, 일반·고속철도, 남북·대륙철도 분야별로 예측하여 해당 년대별 철도 미래상을 제시함.

## 제1절 2020년의 철도 미래상

■ **(광역·도시철도 분야) 광역도시권 내 30분내 대용량 급행 수송 및 무가선 방식, 장경간·슬림형 도시 고가교 등 도시친화형의 도시철도시스템 도입과 함께, 교통약자 이동 등 철도이용 편의를 위한 도시철도 역사 유니버설 설계와 정보통신기술(ICT) 기반의 철도이용정보 제공시스템 등 보다 편리한 이용객 중심의 도시철도 서비스 제공.**

- 광역권 내 30분 이내 연결이 가능한 대심도 도시철도와 함께 광역권 내 장기리 대용량 고속 수송을 위한 대심도 철도 및 2층 광역철도가 첫 선을 보이고 출·퇴근시 완·급행 운행이 보편화될 것으로 전망됨.
- 지상에서는 도심 내 지상 잠식을 최소화할 수 있으면서 미관이 수려한 초장경간의 초슬림형 고가구조물(Sky-guideway) 위를 무선급전·배터리 방식의 도시철도 차량이 운행될 것이며,
- 지하에서는 현 지하철의 확충 방안으로 건설비용을 절반으로 줄일 수 있는 저심도 지하철도가 등장하게 될 것으로 예상됨.
- 화석연료 의무 감축에 따라 철도분야에서도 가선-배터리 방식, 2차전지 하이브리드 열차가 도입될 것이고,
- 스마트 역사의 등장으로, 역사 운영에 소비되는 에너지를 태양광, 지열 등 신재생 에너지를 연계함으로써 에너지 소비량을 줄이고, 각종 범죄·테러 방지를 위한 네트워크 케이블 방식의 역사보안용 드론의 등장과 역사 내 가상 쇼핑 공간이 마련될 것이며,

- 노약자·장애인도 일반 이용객과 동등한 철도 이용여건이 조성되도록 하는 유니버설 개념이 도입되어 무장애(Barrier-free) 공간설계와 지상·지하 대공간 내 수직·수평 3차원 궤도이동수단의 등장으로 노약자·장애인 등 모든 승객의 지상·지하 철도로의 접근과 타 연계교통수단간 환승이 보다 편리해질 것으로 전망됨.

- 도시철도 차량의 차음성능 향상으로 차내 소음이 저감되며, 차량객실 및 지하역사 내 미세먼지 저감을 통한 공기질 개선 등 보다 쾌적한 철도 환경이 제공될 것으로 예상됨.

■ **(일반·고속철도 분야) 300km/h급 고속철도 노선의 확충 및 400km/h급으로의 속도 향상을 통한 전국 주요 거점 간 90분대 철도연결과 함께, 정보통신기술(ICT) 및 사물인터넷기술(IoT)을 이용한 실시간 철도 안전감시·자가진단 및 사고·재난 발생시 효율적인 대응·복구 관리 등을 통한 보다 안전한 고속철도 서비스 제공.**

- 300km/h대 고속철도 노선이 더욱 확충됨에 따라, 고속철도 운영 효율화에 집중하여 보다 효율적인 고속철도의 도입과 함께 철도 차량 및 인프라 검사·검측 기술의 고도화와 유지보수 자동화로 효율적인 유지보수 업무가 가능할 것으로 예상됨.

- 철도사고 예방을 위한 실시간 철도 안전감시·자가진단 및 사고·재난 발생시 효율적인 대응·복구 관리 등 안전한 고속철도 운행을 위해 최첨단의 철도사고 통합감시·관리센터가 운영되어, 정보통신기술(ICT) 및 사물인터넷기술(IoT)을 이용한 차량·인프라 관리 등 스마트 통합관제시스템이 구축될 것으로 예측됨.

- 2020년에는 고속철도 속도 향상으로 전국 주요 거점간 1시간 30분대로 연결이 가능한 400km/h대 고속철도가 첫 선을 보이면서 전국이 하나의 도시권으로 통합될 것으로 전망되며, 능동 현가장치의 적용을 통한 메카트로닉(mechatronic) 주행제어, 고정밀 열차 위치검지를 통한 LTE-R 무선통신기반의 열차제어가 구현될 것으로 예측됨.

  * 메카트로닉(mechatronic): mechanic과 electronic의 합성어로서, 대차의 기계적인 주행기술에 전자제어 기술이 접목된 주행제어 기술

- 철도차량의 차음 성능 및 터널 미기압파 저감 성능 향상 등으로 인해 보다 빠른 고속 주행에도 승객에게 보다 쾌적한 승차 환경을 제공할 것으로 예상됨.

■ **(남북·대륙철도 분야) 남북한 화물철도 시범 운행 및 한~중국, 한~러시아간 육해복합물류수송 시대 도래와 함께, 디젤기관차를 대체하면서 대륙간 이종 시스템간 철도수송을 위한 액화천연가스(LNG, liquid natural gas) 등 온실가스 배출 저감이 가능한 새로운 대체에너지를 추진원으로 하는 국가간 화물열차 운행이 전망됨.**

- 정부 주도로 북한철도에 대한 최소한의 개보수사업이 추진되어, 개성공단의 물자·생산품 및 근로자 수송, 북한에 대한 남한의 인도적 지원·교역 물자 수송 등의 목적으로 화물철도가 시범 개통되고, 국가간 화물정보를 원스톱으로 관리할 수 있는 시스템이 구축될 것으로 전망됨.
- 북한 나진과 러시아 하산간 철도 개량을 통해, 러시아로부터 북한의 나진항을 거쳐 부산항을 통한 물류 운송이 활발히 이루어져 항만-철도간 지능적인 복합운송시스템이 구축되는 등 대용량의 육해복합물류수송이 이루어질 것으로 예측됨.
- 셰일가스 개발에 따라 기존 석유원료에 비해 온실가스 및 환경오염물질 배출이 상대적으로 적은 액화천연가스(LNG, liquid natural gas) 등 새로운 대체에너지를 추진원으로 하는 국가간 화물열차가 첫 선을 보일 것으로 전망됨.

그림 104. 2020년 한국철도 미래상

## 제2절 2030년의 철도 미래상

■ **(광역·도시철도 분야) 거대도시(megacity) 내 및 거대도시 간 보다 효율적이고 친환경적인 도시철도의 도입과 함께, 타 대중교통수단간 시·공간적 제약없이 통합 연계 수송이 가능한 광역도시권 내 복합수송 교통체계(intermodal transport)로의 전환을 통한 단절없는(seamless) 도시교통서비스 제공.**

- 도시내 도시철도와 버스, 자동차 등 타 대중교통수단과의 시·공간적 제약없이 통합 연계 이용이 가능한 인프라가 구비되어 단절없는(seamless) 도시교통서비스가 제공될 것이고, 이를 위한 운영시스템과 제도가 마련될 것으로 전망됨.

- 도시내 친환경 교통수단으로 전기·수소연료전지 자동차와 더불어, 무선급전·연료전지·바이오가스 추진 자율이동 방식의 개인용 철도시스템(Personal Rapid Transit, PRT) 운행이 보편화되고, 수소연료전지 등의 청정에너지를 추진원으로 하는 도시철도가 첫 선을 보일 것으로 예상됨.

  * 수소연료전지(hydrogen fuel cell): 석유·가스 등에서 추출된 수소를 연료로 공급해 공기 중의 산소와 반응시킬 때 발생하는 에너지를 전기로 변환, 사용하는 장치로서, 수소연료전지는 화석연료를 이용하는 터빈발전방식에 비해 에너지 효율이 높으며(26%) 소음이 없고 온실가스 발생이 적은(40%) 친환경 에너지원임[출처: 네이버 지식백과, 한경 경제용어사전]

  * 바이오가스(Biogas): 동물·식물·미생물의 유기물, 유기계 폐기물, 농·축·림산 폐기물, 산업 폐기물, 도시 쓰레기 등 에너지 이용의 대상이 되는 바이오매스(biomass)를 연료로 하여 직접연소·메테인발효·알코올발효 등을 통해 얻어지는 에너지를 바이오에너지(bioenergy)라 일컫는데, 식물체의 당분을 발효시켜 만드는 바이오에탄올, 식물성 기름을 추출해서 만드는 바이오디젤, 그리고 음식물 쓰레기, 인분·축분 등을 발효시켜 생성되는 메탄가스와 같은 바이오 가스가 대표적임 [출처: 두산백과, 시사상식사전].

- 또한, 인근 거대도시 간에 대용량의 2층 광역철도가 전 운행시간동안 완·급행 운행되고 이와 더불어 무선급전 방식의 광역철도가 첫 선을 보일 것으로 예상되며,

- 이와 함께, 고령자 등 교통약자를 위해 고가·지하 역사내 승강이동방식의 캡슐형 플랫폼의 등장으로 철도 접근이 용이해지고, 차량내 다양한 고령자 등 교통약자를 위한 다양한 맞춤형 서비스가 모든 열차에 제공되어 편리한 여행이 가능할 것으로 예상됨.

- 또한, 도심지 밀집지역에서의 원활한 소형화물 이송을 위해, 도심내 지하 소형화물 궤도운송시스템이 등장할 것으로 예상됨.

- 한편, 도시를 지능적으로 안전 관리하는 지능형 관제센터가 구축되어 'Big data'를 기반으로 도시에서 발생하는 모든 상황을 집중 관리·제어하기 때문에, 지진 등 불의의 사고·재난·재해 발생시 스마트 알람시스템을 통한 안전대피관리 및 열차 제어 시스템이 작동되어 인명과 자산 피해를 최소화할 것이고, 지진 등 재난·재해에 따른 철도 등 도시 내 인프라 시설의 손상·파괴에도 레고형 조립식 철도가 등장하여 긴급 복구가 가능할 것으로 예상됨.

- 스마트 역사가 더욱 진화된 제로 에너지형 스마트 역사가 등장하여 태양광, 태양열, 지열 등 신재생에너지를 이용하여 역사운영에 소비되는 에너지 100%를 공급받고, 역사내 3차원 자율이동수단을 통해 이용객의 이동성을 높이고, 여객인식 자동요금 징수 기술을 이용한 Gateless/ticketless 서비스 및 맞춤형 가상공간·phygital 서비스 제공을 통한 이용객 편의성이 더욱 증진될 것으로 예상됨.

  * phygital: physical과 digital의 합성어로서, 디지털 화면 등을 통해 보고, 듣는 것 외에 냄새와 만지는 것 등이 가능한 것을 의미.

- 온실가스 감축의무가 가중됨에 따라 기존의 화석연료만을 사용하는 교통수단의 패러다임에서 벗어나, 연료전지 방식 등의 하이브리드 열차가 보편화될 것이고, 화석연료를 사용하는 교통수단의 억제책으로 인해, 메탄을 주성분으로 하는 액화 천연가스(LNG)처럼 주성분이 메탄가스인 바이오가스를 추진원으로 하는 친환경 PRT 및 경전철이 첫 선을 보일 것으로 예상됨.

■ **(일반·고속철도 분야) 장거리·대용량 수송을 위한 500km/h급 2층 고속철도 운행으로 전국 주요 거점 간 75분대 철도연결과 함께, 아이트로닉(i-tronic) 주행제어로 보다 안락하고 ICT 융합기술의 발달로 실시간 철도 통합안전 감시 및 이상 감지시 열차 부분 자동제어로 보다 안전한 고속철도 서비스 제공.**

- 수도권 지역 병목현상 해결과 KTX 초기 모델 노후화에 따른 대체 열차로서, 나노 신소재를 활용하여 현재보다 30% 차량 경량화와 열차 주행시 공력 저항 최소화를 통한 500km/h급 2층 고속철도 운행이 가능하게 되어 전국 주요 거점간 75분대로 연결되고, 500km/h대 고속 종합 검측·진단장치를 통해 사전에 차량·인프라에 대한 이상 감지 및 고속의 유지보수가 이루어질 것으로 예상됨.

- 고속철도에는 메카트로닉(mechatronic) 주행제어기술이 진화된 아이트로닉(i-tronic) 주행제어기술이 도입되어 한층 더 안락한 승차감을 제공할 것이며, 여객 맞춤형 좌석과 냉난방 공조제어, phygital 기술의 적용, 열차의 자동 분리·연결 기술을 활용한 논스톱 운행 등 승객에게 보다 편리하고 쾌적한 이용 환경을 제공할 것으로 예상됨.
  * 아이트로닉(i-tronic): Mechatronic 주행제어기술과 ICT 기술이 융합된 기술로서, 선행 열차에서의 주행제어정보를 후행열차에 무선통신으로 전송하여, 후행열차가 이를 이용하여 승객에게 최적의 승차감을 제공할 수 있도록 하는 주행제어기술

- 한편, 현 고속선의 노후화와 대륙철도 연결에 대비한 초고속철도기술에 대한 첫 단계로서, 500km/h급 초고속철도가 정부 초고속 예정 노선의 일부 구간을 테스트 베드로 하여 첫 선을 보일 것으로 예상됨.

- ICT 융합기술의 발달로 지능형 통합관제센터에서의 실시간 철도 통합안전 감시뿐 아니라 이상 감지시 열차 자동제어가 부분적으로 이루어지고, 철도사고·재난시 즉각적인 복구가 가능해져 안전한 철도운행이 가능할 것으로 전망됨.

■ **(남북·대륙철도 분야) 남·북한간 물류 교역량 증가 및 활발한 철도 물류수송과 함께 북한을 통한 러시아, 중국, 몽골간의 한~동북아 철도물류운송 시대 도래.**

- 남북 교류가 더욱 활발해져 정부 주도로 화물철도 경의선(서울 용산~신의주, 518.5km), 경원선(서울 용산~원산, 223.7km)이 개량·복원되고, 제진~강릉간 동해선이 연결되어 남·북한간 교역량이 늘어날 것으로 전망됨.
- 또한, 나진, 신의주를 통해 러시아, 중국, 몽골 등 동북아 지역과의 철도물류운송이 시작되면서, 이러한 동북아 철도연계를 위한 동북아 철도 차량 및 인프라에 대한 표준 대응이 이루어질 것으로 예상됨.

- 한편, 미래 중국, 몽골, 러시아 등 동북아 대용량 화물 및 여객 수송을 대비하여 2층 화물열차와 전자식 궤도 방식의 500km/h급 초고속 열차가 첫 선을 보일 것으로 예상됨.

- 또한, 한국 평택항~중국 옌타이항간에 여객열차 또는 화물열차를 직접 수송하는 열차페리가 운행되고, 화물열차가 승선 후 지능형 대용량 화물 환적시스템에 의해 화물만 하역·운송하는 화물페리가 운행될 것으로 예상됨.

- 석유원료에 비해 상대적으로 온실가스 배출이 적은 액화천연가스(LNG) 혹은 수소연료전지 방식의 기관차가 디젤기관차를 대체할 것으로 전망됨.

그림 105. 2030년 한국철도 미래상

## 제3절 2040년의 철도 미래상

■ **(광역·도시철도 분야) 인공지능 기반의 중앙관제센터에서의 네트워크 제어되는 개인용 캡슐형 철도시스템(Personal Rapid Transit, PRT)이 보편화되어 운영되고, 이와 타 다중 교통수단(철도, 항공, 해운)간 무환승 연계 운행이 실현되어 내 집처럼 안락하고 쾌적한 기종점 문전(Door to Door) 철도수송이 가능해지고, 무손상 수준(maintenance-free)의 철도 차량·인프라의 등장과 철도 운행 중 자가 유지보수로 24시간 도시철도 운영 서비스 제공.**

- 미래 석유자원의 고갈과 기후보호 등의 원인으로, 광역도시간 급전효율 100%인 무선급전 방식의 광역철도 운행이 보편화되고, 도시 내에서는 청정한 도시환경을 지속시키기 위해 화석연료를 대체할 에너지로 고효율·대용량의 수소연료전지, 바이오가스 등의 청정에너지를 추진원으로 하는 하이브리드 도시철도 차량의 운행이 보편화될 것이며,

- 또한, 도시내 친환경 교통수단으로 개인용 캡슐형 철도시스템(PRT)이 무궤도 자율주행으로 발전할 것이고, 개인용 철도시스템(PRT)의 다른 유형의 철도 수단 내 탑재로 별도 환승이 필요 없고, 스마트기기에 의한 예약 및 내 집 앞까지의 호출 등 기종점간 문전(Door to Door) 수송이 실현되어, 고령자 등 교통약자도 편리하게 원하는 목적지까지 철도를 이용한 여행이 가능할 것으로 전망됨. 이로 인해 현 시대의 자가소유 개념의 자가용은 없어지고 별도의 운영기관 소유의 개인용 철도시스템(PRT) 차량으로 대체될 것으로 전망됨.

- 이와 더불어, 항공-철도(PRT, 경전철)의 다중 교통수단간 복합 수송(intermodal transport) 수단의 등장으로 인근 광역도시 간 뿐만 아니라 원거리 광역도시 간 목적지까지 단절없는(seamless) 이동이 가능하게 될 것으로 전망됨.

- 이러한 개인용 철도시스템(PRT)을 포함한 대중교통수단은 인공지능 기반의 중앙관제센터에서의 네트워크 제어가 이루어지고, 에너지 손실 제로의 에너지 저장시스템의 도입으로 효율적인 에너지 저장과 분배가 가능한 보다 지능적인 도시철도시스템이 운영될 것으로 전망됨.

- 한편, 나노기술의 발달로 완전 무손상 수준(maintenance-free)의 철도 차량·인프라의 등장과 철도 운행 중에 차량·인프라 자가 로봇 유지보수가 가능하여 24시간 도시 철도 운영 서비스가 제공될 것으로 예상됨.

- 또한, 로봇기술의 발달로 지하 터널의 자가 크리닝으로 보다 쾌적한 철도 환경이 제공될 것으로 예상됨.

- 10MW급 이상의 소형 모듈형 원자로, 소형 원자력 전지가 개발되어, 원자핵의 핵분열에너지를 추진 동력으로 이용하면서 안전성을 완벽히 보장하는 원자력 도시 철도 차량이 첫 선을 보일 것으로 예상.

그림 106. 항공–철도간 미래 복합수송
[출처: Studio Globe, 'The Horizon System']

■ **(일반·고속철도 분야) 공력 저항 제로의 800km/h급 이상의 초고속철도의 등장으로 전국 주요 거점 간 60분대 철도연결과 함께, 인공지능 기반의 첨단 감시시스템과 완전 무인 통합관제시스템의 운영으로 사전에 사고위험요인을 원천적으로 차단하고 자연재해 등 불의의 사고·재난·재해 시 실시간 감시·자동제어로 초고속의 속도에서도 안전한 철도 운영이 가능해 질 전망임.**

- 지진·태풍 등 자연재해 예측, 불의의 사고·재난·재해 등으로 인한 철도 차량 및 인프라 이상에 대한 실시간 감시·자동제어가 가능한 인공지능 기반의 완전 무인 통합관제시스템이 운영

- 기존 경부고속선로를 시점으로 승객 수송전용 철도에서 화물위주 철도로 전환되어, 급전효율 100%의 무선급전방식으로 고속의 2층 화물열차가 대량의 화물을 운송할 것이며, 점차 기존 타 고속선로도 고속 화물위주 노선으로 전환될 것으로 예상됨.
- 신규 초고속철도 노선이 건설되어 초경량의 초고속철도가 공력저항 제로 실현을 통해 800km/h급의 속도로 전국 주요 거점 간 60분대 승객 수송이 가능해지고, 초고속화에도 불구하고 인공지능 기반의 초근접 열차제어가 가능하여 안전한 철도 운영이 가능할 전망임.
- 또한, 2050년 실용화를 목적으로 동북아를 거쳐 유럽까지 승객 수송을 대비한 1,000km/h급 아음속 수준의 속도를 가지며 별도 에너지 공급 없이 자력으로 주행할 수 있는 에너지 자립형 소닉 열차 개발이 착수되어, 아시아에서 유럽 대륙 간 12시간대 철도 수송시대를 여는데 첫 단추를 펠 것으로 전망됨.
- 이러한 초고속의 속도에서도 안전한 철도 운영이 가능하도록, 인공지능 기반의 고정밀·고신뢰성의 첨단 감시시스템이 도입되어 철도사고 위험요인을 원천적으로 사전에 차단할 것이며,
- 지진·태풍 등 자연재해 예측, 불의의 사고·재난·재해 등으로 인한 철도 차량 및 인프라 이상에 대한 실시간 감시·자동제어가 가능한 인공지능 기반의 완전 무인 통합관제시스템이 운영될 것이고, 복구 로봇 등 자가복원시스템이 가동되어 붕괴·손상 없는 철도 인프라가 등장할 것으로 예상됨.
- 한편, 무(無) 소음진동 열차 주행으로 승객에게 보다 안락한 승차 환경을 제공할 것으로 예상됨.

■ **(남북·대륙철도 분야) 북한의 경의선, 경원선 현대화와 동해 신선의 건설을 통해 중국, 몽골, 러시아 등 동북아 철도물류운송이 더욱 활발해지고, 대륙간 고속 대용량의 자원 수송용 튜브시스템이 등장할 것이며, 동북아 지역을 연결하는 800km/h급 이상의 초고속철도 신선이 건설되어 한~동북아시아간 3시간대 철도연결 시대가 도래할 것으로 전망됨.**

- 정부 주도로 화물철도 위주의 경의선(서울 용산～신의주, 518.5km), 경원선(서울 용산～원산, 223.7km)의 선로용량 증대와 속도 향상을 위한 현대화 작업과 함께 제진～원산～나진까지의 신선이 건설되어 러시아 하산을 통한 시베리아 철도와의 직접적인 철도 연결로 인해 기존 신의주를 통한 중국과의 철도물류운송과 함께 중국, 몽골, 러시아 등 동북아 철도물류운송이 더욱 활발해질 것으로 예상됨.

- 또한, 국경지역 주요 거점에 지능적인 화물 환적시스템이 구축되어 기존 화물열차와 연계되어 운영될 것이고, 새로이 투입되는 화물열차는 대륙간 상이한 궤간을 갖는 철로를 별도 대차교환 내지 환적없이 운행할 수 있는 궤간 가변형 화물열차가 도입될 것으로 전망됨.

- 기존 화물철도 운송수단과 별도로, 시베리아 등 천연자원이 풍부한 미개척 극한지역에서의 기후조건과 환경요인이 고려된 대륙간 및 주요 거점간 고속 대용량의 화물운송용 튜브시스템이 등장할 것으로 전망됨.

- 또한, 동북아 지역을 연결하는 초고속철도 신선이 건설되어, 국내 고속선에 운영중인 800km/h급 초고속철도가 동북아 지역까지 운영될 것으로 전망됨.

- 아울러, 1,000km/h급 아음속 수준의 소닉 열차가 북한을 거쳐 유럽까지 운행할 수 있도록 초고속철도 신선의 연장 건설이 계획될 것이고, 이를 위해 글로벌 철도 연계를 위한 철도 차량 및 인프라, 운영에 대한 국제표준 대응이 이루어질 것으로 예상되며,

- 국가간 단절없는(seamless) 장거리 이동을 위해 철도와 연계된 통합 항공·해상·도로 수송 인프라가 갖춰질 것이고, 이의 운영에 대한 글로벌 표준화가 추진될 것으로 예상됨.

- 대륙간 화물·여객 수송을 위한 태양광, 태양열, 열차풍 등 친환경 에너지원을 활용하여 소요에너지 100%를 공급받는 에너지 자립형 철도차량이 등장할 것으로 예상됨.

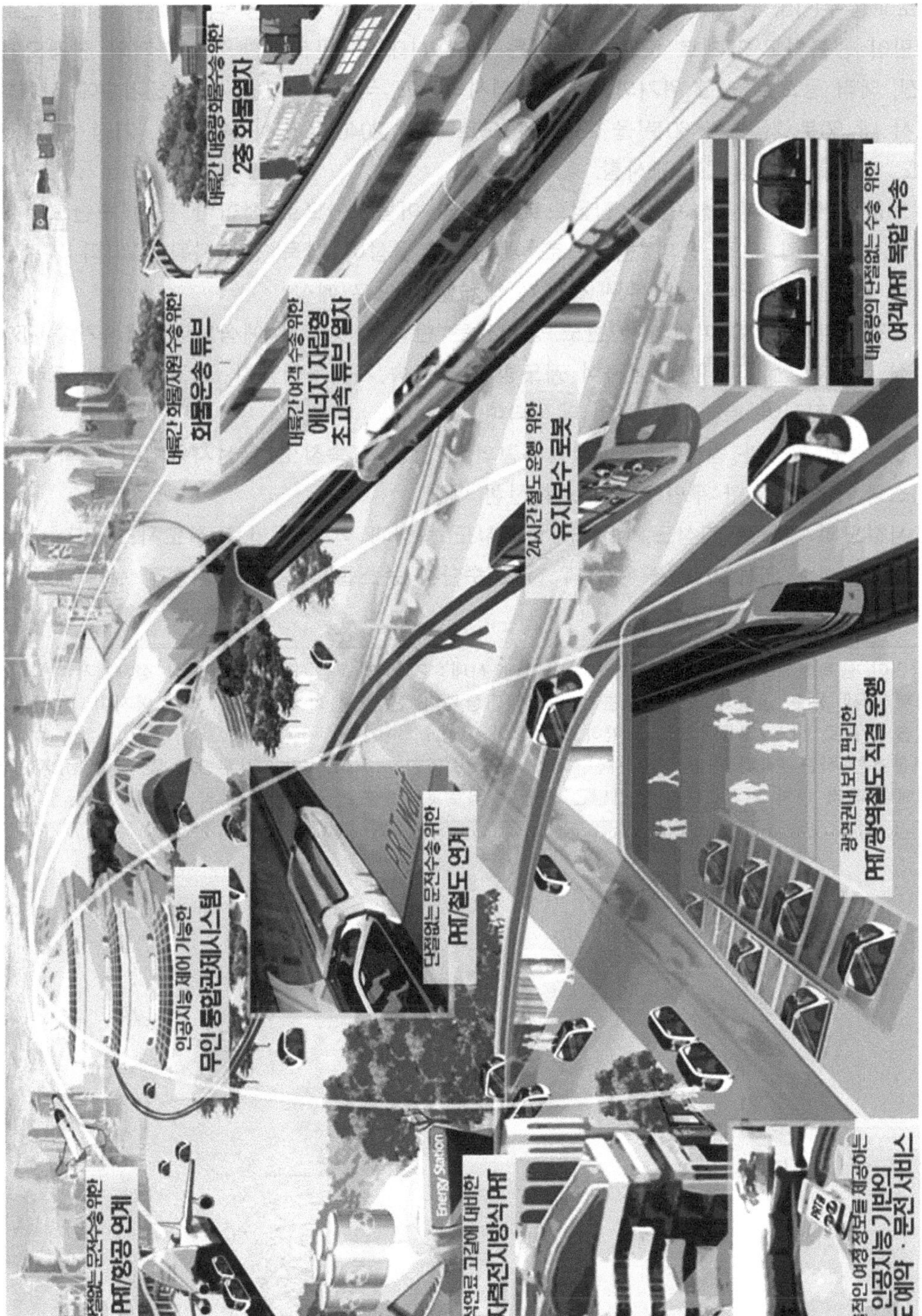


그림 107. 2040년 한국철도 미래상

※ 국토교통부('13)『2040 국토교통 미래기술예측조사』: 2040년 국토교통 미래상으로, '국민이 행복하고 세계로 도약하는 밝은 미래 시대'와 '무분별한 자연파괴와 환경오염, 지진, 테러 등으로 인한 위기의 시대'를 제시하였고, 국토교통기술 중 철도기술에 대하여 '도시 내 30분 거점 간 60분'을 2040비전으로 하여 2040년 도시 내 30분, 거점 간 60분 철도 시대를 미래상으로 제시함.

- 철도는 효율성, 환경성 등의 장점으로 장거리 이동수단으로 적합한 운송 수단으로서, 미래 석유자원 고갈 등의 원인으로 에너지 효율성이 더욱 중요시됨에 따라 기존의 항공 및 선박 수요를 상당부분 철도가 대체할 것으로 예상.
- 고속철도의 발달로 미래의 한반도 생활권은 단축될 것으로 예상되며, 핵심기술 95% 이상 국산화 전망과 함께 전자식 궤도방식 초고속 자기부상열차, 초고속 튜브 트레인, 아음속 추진제어 트레인 등장이 예상되며,
- 철도 속도 향상과 병행한 고속검측차량의 도입과 고속철도 무선자동제어 방식 신호시스템 구축을 통한 무인운영시스템 전환 예상.
- 도시철도의 발달로 저심도, 대심도 도시철도 등장과 함께 개인용 철도시스템(Personal Rapid Transit, PRT)의 다른 유형의 철도 수단간 논스톱 환승으로 기종점 문전(Door to Door) 이동 실현.

| ① '국민이 행복하고 세계로 도약하는 밝은 미래 시대': 2040년 고령화로 인한 성장 정체, 기후변화, 국제 정세 등을 극복하고 국토교통기술로 국민행복과 편의, 사회적 복지가 이루어지며, 혁신적 기술 수출로 세계 일류국가로 도약하고 성장이 가능.<br>② '무분별한 자연파괴와 환경오염, 지진, 테러 등으로 인한 위기의 시대': 기후변화 및 지진 등 자연재해나 테러 등의 위기로부터 위협받는 상황에 국토교통기술로 국민과 국토의 안전을 보장. |
|---|

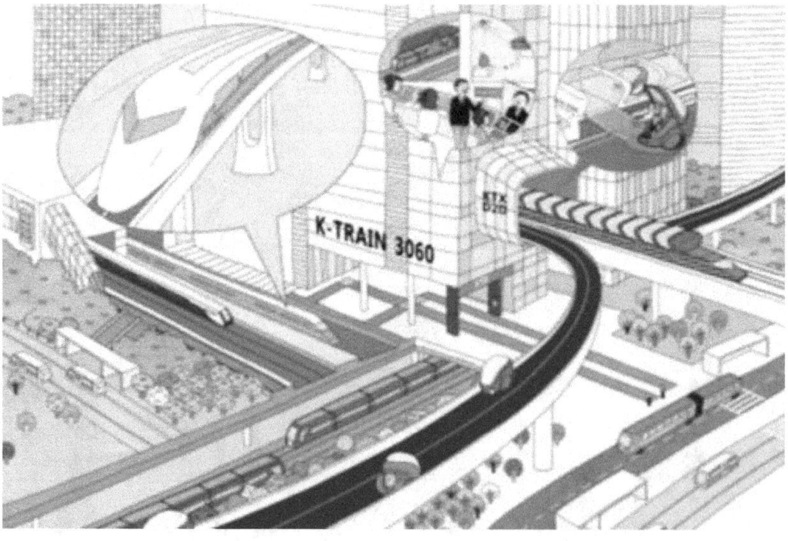


그림 108. 2040년 철도분야 미래모습

※ 영국 ARUP('14) 『Future of Rail 2050』 : 2050년, 여객 및 화물 철도가 다중복합(multi-modal) 교통 네트워크로 주요 도시의 허브를 연결함으로써 대중교통시스템의 중추적인 역할을 하고, 철도는 항공 또는 도로의 경쟁 수단으로서 수송 지연 혹은 기술적인 장벽 없이 국가간 수송 서비스를 제공할 것으로 예상하면서 아래의 2050년 철도미래상을 제시함. 또한, 2050년 이후, 철도는 밝은 미래를 보장하는 진정한 통합 교통 네트워크의 일부로서, 진취적이고, 혁신적이며, 지속가능하고 경쟁력 있는 교통수단으로 발전해 나갈 것으로 전망함.

① Mobility and lifestyle hub: 철도 교통연계 이용 외 비즈니스·레저 등 인간 삶의 주요 활동지로서의 역사
② Monitoring drone: 철도사고 사전 예방·유지보수 및 철도 안전·보안을 위한 무인 이동체
③ Ticketless and security technology: 여객 편의 도모를 위해 역사에 게이트 제거
④ Virtual shopping wall: 역사에 편리하고 누구나 이용하기 쉬운 가상 쇼핑 월
⑤ Intelligent robots: 인프라 손상 유지보수를 위한 지능적인 로봇
⑥ Energy flooring: 이용객 발 디딤으로부터의 전기 생산
⑦ Driverless pods: 친환경 에너지를 동력수단으로 하는 무인운전방식의 개인용 교통수단
⑧ Underground freight pipelines: 도시내 지하 화물 운송을 위한 파이프라인
⑨ Electronic tagging: 화물의 추적과 운송 지연 감소를 위한 전자 태깅
⑩ Automatic gauge change: 국가간 이종 궤간 철도 상호운영을 위한 자동 궤간가변 장치
⑪ Intelligent robots: 화물 자동 적재 및 하역 위한 지능적인 로봇
⑫ Automatic freight trains: 차량 운행 중 화물 및 제품을 배달하는 자동 화물열차
⑬ Alternative power sources: 수소연료, 원자력, 에어 추진 혹은 자기부상 등의 대체 추진원
⑭ Smart window glazing: 자동적으로 열과 눈부심을 제어하도록 어둑하게 만드는 스마트 윈도우
⑮ Flexible interiors: 여객의 니즈 맞춤형 제공이 가능한 유연한 차량 실내
⑯ Automated passenger trains: 자동화된 열차제어로 운전시간을 최적화하는 여객열차
⑰ Real-time passenger information: 단절없는(seamless) 여정을 위한 실시간 철도이용정보시스템

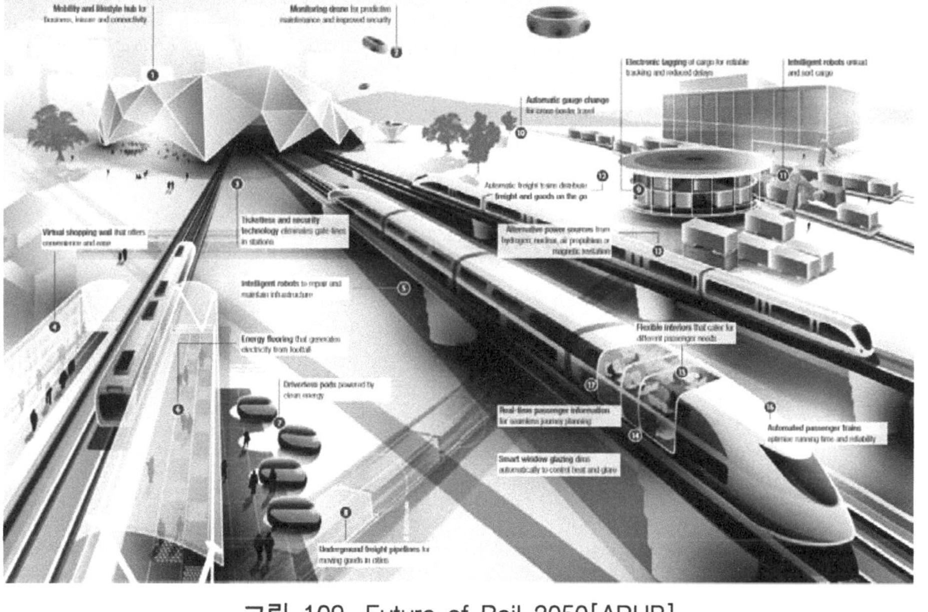

그림 109. Future of Rail 2050[ARUP]

# 제6장 결 론

미래철도 전망 2040

# 제6장 결 론

■ **명확한 철도 미래상 기반의 일관된 철도 정책이 수립·추진되고, 시의적절한 연구 추진으로 국내 적용 및 이를 기반으로 한 해외진출, 철도유관 기업에서의 선제적 기술변화 대응을 통한 철도산업의 지속적인 발전을 위해, 『미래철도 2040』 보고서는 미래 철도기술의 발전방향 제시 및 이에 부합한 거시적인 철도기술 발전 로드맵 구축을 토대로 우리나라 미래 철도상(Big Picture)을 제시하고, 이를 통해 향후 국가 차원에서의 역점적으로 추진이 필요한 미래 선점기술 개발 사업을 발굴·추진하는 등 향후 철도기술개발 전략 수립시 길잡이 역할을 하는 것을 목적으로 작성됨.**

■ **미래 메가트렌드와 우리나라 철도 상위 계획 및 국내·외 철도R&D 정책 및 기술 동향을 분석하여 국가 차원의 미래 철도기술 발전방향을 제시하고 이에 부합하는 거시적인 미래 철도기술의 발전 로드맵 구축하였으며, 이를 토대로 우리나라 미래 철도상을 예측하여 제시함.**

- 미래 7대 메가트렌드 전망에 따른 철도교통에서의 변화 분석과 함께 우리나라 국가 상위계획 및 국내외 철도R&D 정책을 분석하여, '안전성', '지속가능성', '수송효율성', '편리성', '경제성'의 5대 미래 철도기술 발전방향과 이에 부합하는 중점추진기술로서 '철도 안전·인증 기술', '고효율 에너지·친환경 철도기술', '대용량·고밀도·고속화 기술', '편의·쾌적성 향상 기술', '저비용 철도 구축 기술', '고효율 철도 운영 기술'을 도출함.

- 이는 일본, 유럽 등 철도선진국의 최소 20년 이상의 장기적인 철도기술 발전전략 보고서에서 제시하는 미래 철도기술 발전방향과 추구하고자 하는 미래 철도기술에 버금가는 수준으로 제시된 것이며, 국내·외 주요 정책과 연관되어 있는 안전, 에너지·환경, 수송효율, 편의·쾌적, 경제성이라는 키워드를 가지고 거시적으로 목적 지향적인 기술의 발전 로드맵을 제시하고, 2040년의 장기적인 기술발전 계획을 포함하여 2020년, 2030년의 단·중기적인 계획을 함께 제시함.

- 단·중장기적인 기술발전을 통해, 2020년에는 광역도시권 내 30분내 대용량 급행 수송 및 도시친화형 도시철도시스템의 도입과 함께, 역사 유니버설 설계와 철도이용정보시스템 등 보다 편리한 이용객 중심의 도시철도 서비스가 제공되고, 300km/h급 고속철도 노선의 확충 및 400km/h급으로의 속도 향상을 통한 전국 주요 거점 간 90분대 철도연결과 함께, 정보통신기술(ICT) 및 사물인터넷기술(IoT)을 이용한 실시간 철도 안전감시 및 효율적인 대응·복구 관리 등을 통한 보다 안전한 고속철도 서비스가 제공될 것이며, 남북한 화물철도 시범 운행 및 한~중, 한~러 간 육해복합물류수송 시대 도래와 함께, 국가별 이종시스템간 LNG 등 새로운 대체 에너지를 추진원으로 하는 화물열차 운행이 전망됨.

- 2030년에는 효율적이고 친환경적인 도시철도의 도입과 함께, 타 대중교통수단간 시·공간적 제약없이 통합 연계 수송이 가능한 광역도시권 내 복합수송 교통체계(intermodal transport)로의 전환을 통한 단절없는(seamless) 도시교통이 실현되고, 장거리·대용량 수송을 위한 500km/h급 2층 고속철도 운행으로 전국 주요 거점 간 75분대 철도연결과 함께, 아이트로닉(i-tronic) 주행제어, ICT 기반의 실시간 철도 통합안전 감시 등으로 보다 안락하고 안전한 고속철도 서비스가 제공될 것이며, 남·북한간 물류 교역량 증가 속에 북한을 통한 러시아, 중국, 몽골간의 한~동북아 철도물류운송 시대가 도래할 것으로 전망됨.

- 2040년에는 인공지능 기반의 중앙관제센터에서의 네트워크 제어되는 개인용 캡슐형 철도시스템(Personal Rapid Transit, PRT)이 타 교통수단(철도, 항공, 해운)간 무환승 연계되어 기종점 문전수송(Door to Door)으로 24시간 운행되고, 800km/h급 이상의 초고속철도 운행으로 전국 주요 거점 간 60분대, 한~동북아간 3시간대 철도연결과 함께, ICT·인공지능 기반의 첨단 감시·관제시스템의 운영으로 사전에 사고위험 차단 및 사고·재난·재해 시  열차 자동제어로 초고속의 속도에서도 안전한 철도 운영이 가능해질 전망이며, 북한, 중국, 몽골, 러시아 등 동북아 간 활발한 철도물류 운송과 함께 광활한 대륙의 자원 수송을 위한 고속·대용량의 자원 수송용 튜브 시스템의 등장이 예상됨.

■ 이를 통해, 2040년 이후에는 한국철도가 남·북한의 통일된 한반도 철도를 넘어 동북아를 거쳐 유럽까지 하나의 대륙철도가 우리의 기술과 세계의 기술이 합쳐져 함께 연결될 것이고, 이를 위해 ICT·나노·인공지능·로봇 등 미래 첨단 기술과 융복합하여 철도기술이 발전해 나갈 것이며, 보다 빠르고, 안전하고, 편리하게 철도를 이용할 수 있을 것으로 전망됨.

■ 끝으로, 『미래철도 2040』 보고서를 통해, 철도 관련 정책과 기술개발을 주관하는 정부부처 및 산하기관에서부터 철도 건설·운영기관, 철도기술 연구기관, 철도관련 산업체에 이르기까지 전체 철도 유관기관 및 단체, 기업 등에서 우리나라 미래의 변화될 철도모습을 그려보는데 도움을 주고자 하며, 이를 통해 우리만의 미래 강점 기술을 발굴하여 선점할 수 있는 철도기술을 발굴·육성함으로써 한국철도의 지속적인 발전을 이룩케 하는데 길잡이 역할을 하고자 함.

# 자문위원

1. 채남희, 前 한국철도기술연구원장
2. 조영호, ㈜제이앤엘테크 기술고문
3. 박용걸, 서울과학기술대학교 철도건설공학과 교수
4. 이기서, 광운대학교 로봇학부 명예교수
5. 정인수, 한국철도공사 연구원 원장
6. 김영진, 한국철도공사 경영연구처장
7. 오규식, 한양대학교 도시공학과 교수
8. 조근태, 성균관대학교 시스템경영공학과 교수
9. 한형석, 한국기계연구원 자기부상연구실 실장
10. 최규태, 한국유비쿼터스도시협회 U-City연구소 연구위원
11. 엄미정, 과학기술정책연구원, 전략기획실장
12. 손병후, 한국건설기술연구원, 건축도시연구소 수석연구원
13. 금영범, 현대자동차(주) 환경기술연구소 책임연구원
14. 김영준, 한국토지주택공사 도시시설처 책임연구원
15. 민평오, 현대로템(주) 철차연구1팀 수석연구원
16. 박준혁, 한국철도기술연구원 첨단고속철도연구실 실장
17. 신덕호, 한국철도기술연구원 철도안전연구실 실장
18. 이장무, 한국철도기술연구원 무선급전연구팀 책임연구원
19. 김성일, 한국철도기술연구원 첨단인프라연구팀 책임연구원

# 참 고 문 헌


1. 국토교통부, "2040 국토교통 미래기술예측조사", 2013.7
2. 한국철도공사, "세상을 이어주는 철도", 2015
3. 한국철도기술연구원, "융복합 연구개발전략 및 수요지향적 기술기획", 2012.12
4. 한국철도기술연구원, "철도 R&D 중장기 발전계획", 2012.5
5. 서울경제, "글로벌 메가시티의 현황과 전망", 2011
6. United Nations, "World Urbanization Prospects: 2014 Revision", Department of Economic and Social Affairs, 2014
7. 통계청, "장래인구추계: 2010년~2060년", 2011.12
8. 통계청, "장래인구추계 시도편: 2013-2040", 2014.12
9. 국토해양부, "제4차 국토종합계획 수정계획(2011~2020)", 2011.10
10. 국토해양부, "국가기간교통망계획 제2차 수정계획(2001~2020)", 2010.12
11. 국토해양부, "제2차 국가철도망구축계획(2011~2020)", 2011.4
12. 국토해양부, "제2차 철도산업발전기본계획(2011~2015)", 2011.5
13. 국토교통부, "제3차 국가교통기술개발계획(2014~2018)", 2014.7
14. 국토교통부/국토교통과학기술진흥원, "창조경제 실현을 위한 국토교통 R&D 중장기 전략", 2014.7
15. 미래창조과학부, "제3차 과학기술기본계획(2013~2017)", 2013.7
16. European Union, "Transport Management", 2013
17. European Rail Research Advisory Council, "ERRAC ROADMAP", 2012
18. CER/UIC(International Union of Railways), "Moving towards Sustainable Mobility", 2012.10
19. Transport for London, "Rail and Underground Panel: High Level Output Specification Issues", 2010.11
20. SLC Rail, "Conventry Rail Story - Research Paper 1: UK Rail Strategies", 2013.6

21. Transport Research Innovation Portal(TRIP), “3rd Programme National de Recherche et D’Innovation dans les Transports Terrestres(PREDIT 3, France)”, 2007
22. Transport Research Innovation Portal(TRIP), “4rd Programme National de Recherche et D’Innovation dans les Transports Terrestres(PREDIT 3, France)”, 2012
23. Federal Ministry of Education and Research(BMBF), “Mobilität und Verkehr(Mobility and Transport, Germany)”, 2003
24. Federal Ministry of Education and Research(BMBF), “Die Hightech -Strategie 2020 fur Deutschland(Hightech Strategy 2020 for Germany)”, 2010.7
25. 외교부, “독일의 첨단기술전략[High-tech Strategy for Germany]”, 2011
26. KISTEP, “독일 첨단기술전략[HTS 2020]”, 2011
27. 국토교통과학기술진흥원, “2013 국토교통 R&D 동향조사: 철도교통”, 2013.6
28. RTRI(Railway Technical Research Institute), “Research Map 2009”, 2009
29. “日, 2030년 미래 예측해 철도기술 개발방향 정립”, 한국과학기술단체총연합회 과학과 기술 통권482호, pp.42-43, 2009.7
30. National Aeronautics and Space Administration(NASA), “Aeronautics Research Strategic Vision: 항공연구의 전략적 비전”, 국토교통 창조경제 R&D포털 DAMOA, The Tech Report, 2013.8
31. 서사범, “유럽에서의 철도시스템의 리스크 베이스 안전관리”, 대한토목학회지 62(4), pp.44-51, 2014.4
32. 최강윤, “유럽의 철도 상호 운영 및 철도 차량 승인”, 한국철도학회 철도저널 13(3), pp.46-52, 2010.6
33. European Railway Agency, “Common Safety Method(CSM) on risk evaluation and assessment”, 2009
34. 정 원, “철도안전을 위한 해외인증제도에 관한 연구”, 한국신뢰성학회 신뢰성응용연구 10(4), pp.237-250, 2010.12
35. 서사범, “유럽 철도청(ERA)의 안전관리 및 철도안전 관련 국제규격”, 한국철도학회 철도저널 17(4), pp.41-54, 2014.8

36. 김태욱 외, “국내 철도용품 인증체계 현황 및 개선 방향성”, 한국철도학회 추계 학술대회 논문집, 2011
37. 서사범, “예방보전으로 이행하는 유럽에서의 철도보선 방식”, 한국철도학회 철도저널 13(3), pp.8-13, 2010.6
38. 김형진, “윤축이상에 의한 철도차량 탈선 분석 및 모니터링 기술 동향”, 한국정밀공학회 학술발표대회 논문집, pp.1025-1026, 2011.10
39. 김용욱 외, “철도차량 모니터링기술 동향 분석”, 한국철도학회 학술발표대회 논문집, pp.2855-2860, 2009.11
40. 강부병, “철도 구조물 비파괴검사 기술 동향”, 한국철도학회 철도저널 11(4), pp.55-62, 2008.12
41. Schneider Electric USA, Inc., “Technologies for Improving Safety in Railway Tunnels: [미국] 철도 터널에서 안전성 향상을 위한 기술”, 국토교통 창조경제 R&D포털 DAMOA, The Global Report, 2012.7
42. 강중구 외, “철도터널 화재안전관리 기술연구 동향”, 대한토목학회 대한토목학회지 58(3), pp.27-33, 2010.3
43. Railway-technology.com, “The next level: examining safe crossing technology worldwide: 차세대 세계 철도건널목 안전기술 검토”, 국토교통 창조경제 R&D포털 DAMOA, The Tech Report, 2013.6
44. 최권희 외, “철도시스템의 지능형 안전설비 기술동향”, 한국조명·전기설비학회 조명·전기설비 23(4), pp.27-37, 2009.8
45. 조봉관 외, “철도건널목 지장물 영상검지시스템 시범구축”, 대한전기학회 학술대회논문집, pp.1070-1071, 2010.7
46. 한국철도기술연구원, “전동차 전과정평가 시스템 개발” 연구보고서, 2007.8
47. 서사범, “철도용 재료의 환경평가와 궤도에서 신재료의 적용”, 한국철도학회 철도저널 15(3), pp.46-56, 2012.6
48. 이병송, “철도차량용 친환경 수소-연료전지 Hybrid시스템 기술동향”, 한국철도학회 철도저널 11(3), pp.29-31, 2008.9
49. 정병현, “일본의 전기부분에서의 에너지절약을 위한 철도기술개발 동향”, 한국철도학회 철도저널 12(2), pp.30-34, 2009.4

50. Bombardier Transportation, PRIMOVE Contactless and Catenary-Free Operation, EcoActive Technologies, 2010.
51. 한국산업기술진흥원, “2012 산업기술로드맵, 신재생에너지(전기)분야”, 2014.12
52. 한국산업기술진흥원, “2012 산업기술로드맵, 신재생에너지(열)분야”, 2014.12
53. 산업통상자원부, “제4차 신생에너지 기본계획”, 2014.9
54. 국가과학기술심의회, “제3차 에너지기술개발계획(안)”, 2014.12
55. Journal of Electric World, "미래를 선도할 10대 청정에너지기술“, 2014.7
56. 허현무 외, “철도차량 능동현가시스템 기술동향”, 한국철도학회 철도저널 13(6), pp.19-23, 2010.12
57. 한국철도기술연구원, “철도차량용 능동현가장치 기술개발” 5차년도 연구보고서, 2015.5
58. 허현무 외, “철도차량 능동형 주행장치 기술 동향” 한국정밀공학회 춘계학술대회 논문집, pp.1559-60, 2011
59. 허현무, “철도차량의 능동조향기술”, 한국소음진동공학회 세미나자료집, pp.49-67, 2011.6
60. 한국철도기술연구원, “차륜/레일의 마모저감을 위한 능동조향대차기술개발”, 1차년도 연구보고서, 2014.6
61. 한국철도기술연구원, “녹색열차 구현을 위한 철도차량시스템 경량화 연구” 연구보고서, 2013.12
62. 한국철도기술연구원, “고속철도 기술수준 및 국산화 현황 분석보고서”, 2014.3
63. Internationales Verkehrswesen, Vol.64 No.2 (2012-2), pp.60-64, 2012
64. 신병천 외, “ 도시형자기부상열차의 어제와 오늘”, 한국도시철도학회 도시철도의 세계 1, pp.72-79, 2013.6
65. 한형석, “초고속 자기부상열차 기술개발 동향과 시사점”, 한국철도학회 철도저널 17(5), pp.36-40, 2014.10
66. 이동화, “분기기 신기술 동향”, 한국철도학회 철도저널 13(4), pp.33-36, 2010.8
67. 한국철도기술연구원, “고속철도 자갈궤도구간 유지보수 저감을 위한 궤도개량기술 개발” 연구개발계획서, 2013.6
68. 한국철도기술연구원, “콘크리트궤도 경쟁력 평가 및 향상방안 연구”, 2010

69. 서사범, "철도선로연변에서의 소음과 지반진동의 저감", 한국철도학회 철도저널 15(6), pp.29-38, 2012.12
70. 서사범, "선로설비의 모니터링과 선로보수 계획의 고품질화", 한국철도학회 철도저널 15(5), pp.14-22, 2012.10
71. 한국철도기술연구원, "철도 인프라의 유지보수를 위한 고속 종합검측시스템 기술개발" 연구개발계획서, 2013.5
72. 허현 외, "호남고속철도 4-1공구 급속시공 사례를 통해 본 교량 공법의 최신 동향", 한국콘크리트학회지 25(3), 2013.5
73. 서사범, "철도 토목구조물의 관리에서 센싱과 모니터링 기술", 한국철도학회 철도저널 15(1), pp.22-32, 2012.2
74. 현대로템기술연구소, "철도신호시스템 국제 표준화 동향", 2014.2
75. 한국철도기술연구원, "KRTCS 현황과 실용화 계획", 2014.2
76. 한국철도기술연구원, "도시철도형 무선통신기반 열차제어시스템 표준체계 구축 및 성능 평가", 2014.1
77. 한국철도기술연구원, "400km/h급 고정밀 철도 위치검지 기술개발" 연구개발계획서, 2013.4
78. 윤병식 외, "차세대 철도 통합무선망 기술 및 표준화 동향", 한국철도학회논문집, 16(6), pp. 519-27, 2013.12
79. 최준영 외, "철도전용 통합무선망 국내외 동향", 한국철도학회 춘계학술대회논문집, 2012
80. 김경희 외, "철도전용 통합무선망 활용방안 연구", 한국철도학회 춘계학술대회논문집, 2012
81. 2013 국토교통 기술수준분석 총괄보고서, 2013.6
82. 한국철도공사, "일반(고속)철도 전력시스템 현황 및 발전방향", 2013.2
83. 서울메트로 기술연구원, "도시철도 전력시스템 현황 및 현안", 2013.2
84. 한국철도기술연구원, "열차운행의 안전성 및 효율성 향상을 위한 도시철도 열차운영시스템 개량 최적화 기획연구, 2015
85. 일본 국토교통성, "철도 수송의 안전 관련 정보", 국토교통 창조경제 R&D포털 DAMOA, The Global Report, 2013.7

86. 국토해양부/한국철도기술연구원, "기후변화대응 철도분야 온실가스 저감방안 연구", 2010.1

87. 국토해양부/국토교통과학기술진흥원, "제1차 지속가능 국가교통물류발전 기본계획(2011～2020)", 2011.6

88. 한국철도기술연구원, "통계로 보는 한국철도 2012", 2013.2

89. Frost & Sullivan, "Mega Trends and its implication on mobility", 2014

한국철도의 발전적 전망
**미래철도 전망 2040**

초판 인쇄 2017년 12월 21일
초판 발행 2017년 12월 28일

저　자 국토교통과학기술진흥원
발행인 김갑용

발행처 진한엠앤비
주소 서울시 서대문구 독립문로 14길 66 205호(냉천동 260)
전화 02) 364 - 8491(대) / 팩스 02) 319 - 3537
홈페이지주소 http://www.jinhanbook.co.kr
등록번호 제25100-2016-000019호 (등록일자 : 1993년 05월 25일)


ISBN 979-11-290-0280-8 (93530) [정가 20,000원]